服饰艺术概论

付　珊　著

合肥工業大学出版社

图书在版编目(CIP)数据

服饰艺术概论/付珊著. —合肥:合肥工业大学出版社,2021.8

ISBN 978 - 7 - 5650 - 4866 - 1

Ⅰ.①服…　Ⅱ.①付…　Ⅲ.①服饰—艺术史—世界　Ⅳ.①TS941 - 091

中国版本图书馆 CIP 数据核字(2020)第 231230 号

服饰艺术概论

付　珊　著		责任编辑　秦晓丹　张　慧		
出　　版	合肥工业大学出版社	版　次	2021 年 8 月第 1 版	
地　　址	合肥市屯溪路 193 号	印　次	2021 年 8 月第 1 次印刷	
邮　　编	230009	开　本	787 毫米×1092 毫米　1/16	
电　　话	人文社科出版中心:0551 - 62903205	印　张	11.5	
	市 场 营 销 部:0551 - 62903198	字　数	275 千字	
网　　址	www.hfutpress.com.cn	印　刷	安徽联众印刷有限公司	
E-mail	hfutpress@163.com	发　行	全国新华书店	

ISBN 978 - 7 - 5650 - 4866 - 1　　　　　　　　定价：58.00 元

前　言

　　人们的生活，除了必要的食物，很难再找出一种比服饰更贴近生活、更具内涵的具体东西了。在人们生活的四大要素——衣、食、住、行中，衣一直排在首位。服饰在人类生存的社会里是一种理所当然的存在，服饰文化因此应运而生。

　　在漫漫历史长河里，服饰的很多特征被阶级统治者作为了权力、地位的象征标志；进入现代物质文明社会，服饰被赋予了更多的内涵。它是职业的标志，是个性的展现；它可以修饰美化人体，可以慰藉人们的心灵；它可以指导人们重新用服饰来塑造身份、地位，并帮助人们在不同的场合、地点与他人完成良好的互动，让人们享受外观管理的乐趣。总之，时尚业的蓬勃发展，使服饰拥有了极强的塑造力。在天生的容颜与身材不尽完美时，只要服饰得体，照样能改变精神面貌，光彩耀人。

　　在信息高速发展的今天，树立良好的服饰形象，不仅可以增加自身的竞争实力，而且是现代社会交际的需要。如何对自身形象的设定有一个主动认识，能够准确地运用丰富的服饰语言表现自己，协调好各种服饰元素之间的关系，增强服饰文化修养，并从中总结出一套适合自我的服饰表达方式，以更好地展现个人魅力，是本书的出发点。

　　由于作者水平有限，本书在体系、结构和内容上难免有不当之处，恳请广大读者批评指正。

目　　录

第一章 服饰的内涵

第一节 服饰的概念

一、服饰艺术概述

一般而言，人对服饰的追求，因两方面的影响而不断发展延伸，一是服饰的实用功能，二是服饰的审美功能。相对来说，实用功能由于大多与常规的保暖、舒适、结实、方便、护体、遮羞等相关，故较易实现相对的满足，当然它也有不断改进和完善的极大余地；而审美功能则是人们对服饰美观的要求，它因时代的发展、时尚的转变及人们审美水准的不断提高，体现为永无止境的追求，很难实现持久的、真正的满足。也正因此，服饰才有了持续发展的动力，才有可能因审美需求的牵引而不断发展，从而使之成为艺术。

在任何时代，在世界上的任何地区，凡在当时被人们视为最受追捧的服饰，大都具备了当时最优越的实用功能或审美功能，也有不少是两种功能兼备。然而在实际生活中，能够真正得享这些"顶级"服饰的，毕竟只是社会中那些具备相当财势的极少数人。有鉴于此，设法安抚人们浮躁的心灵，劝说人们不要成为一味追求华服美饰的"奴隶"，就成了世间一些哲人常论的主题。

当服饰开始孕育和发展，就开始了其实用功利化和艺术审美化的前进步伐。如何使服饰结实、保暖、方便等，就是其实用功利化要解决的问题。自从有了服饰，有了人类文化及文明的不断演进，人们懂得了在生活实践中如何穿戴和鉴赏服饰。因此，人类服饰的艺术化发展越来越明显，人与动物的区别越来越大。

服饰艺术的起源，有其客观缘由和过程，这在考古及时论中也有一定的说法。因此，探讨服饰艺术，只能以一种开放的、动态的、全面的、科学的态度来进行，既要关注服饰本身的因素，又要关注服饰以外的因素。

中国服饰艺术是人类服饰艺术成果的一种典范性、特色性、鲜活性、诗意性体现。中国素有"衣冠古国"的美誉，因此可以说，中国的历史既是一部反映中华民族搏击自然、克服患乱、发展壮大的历史，又是一部以服饰艺术为其景致之一、客观展示人类文明成果的地域性社会风俗史。

在服饰艺术发展史上，对于究竟是非审美功利性先产生，还是审美功利性先产生，抑或是两者几近同时出现，恐怕还很难做出肯定的考证。如果按照马斯洛的需求层次理论的观点来看，也许在服饰艺术的发生过程中，非审美的功利性欲求应当产生在前。因为依马斯洛需求层次理论来看，对人而言，人的生存和安全需要是人的第一层次的需要，而人的生存和安全，绝对少不了吃喝及护体，护体就离不开对身体的包裹，包裹身体是远古时期原始人最初穿着服饰的目的。在马斯洛需求层次理论中，审美的需要，不过是人在基本或充分满足生存及安全需要以后的某一层次的需要。从一定意义上来看，推断服饰艺术是非审美功利性生发在前，而审美功利性生发在后，似乎具有较大的可信度。但即便如此，人们也不能说事实就一定是这样。服饰艺术实际上是近现代才出现的概念，但服饰艺术是远古时代一有原始人就开始发展了。从世界各地的人类考古发现来看，大约在旧石器时代，地球上就出现了由类人猿进化而来的原始人，随着这一时代的逐渐演进，原始人已学会了群居、用火及制造工具。在工具之类的制造活动中，同服饰密切相关的就是骨针的制造、项链串的制造等，比如在北京周口店山顶洞人生活遗址、山西朔州峙峪人生活遗址及河北阳原虎头梁人生活遗址，人们就发掘出了用兽骨制成的各种骨针；在捷克则出土了用猛犸牙、蜗牛壳、狐狸牙、狼牙及熊牙等制作的项链串；在俄罗斯莫斯科附近则发掘出了缀有猛犸牙珠子的衣物、猛犸牙手镯及饰环。类似的考古发现在世界许多地区都有。这就足以证明，人类祖先早在数万年前，就已学会了缝补及装饰。换句话说，旧石器时代实际上就已经有了服饰艺术的萌芽。及至新石器时代和原始公社时期，人类服饰艺术的发展已经具备了一定的基础，并初现体系、规模和档次，这仅在中国就可以得到印证。从旧石器时代晚期到新石器时代早期的原始社会时期，当时的中国尚处于母系氏族公社的繁荣阶段，以种植庄稼、蓄养牲畜及采集野生果植为主的原始农业，以生产加工日常生活用品的各类手工业，都有了一定的发展。这一时期的农业和手工业是最适合女性发挥天赋能力的行业，也正因为女性在这些行业里具有不可替代的主导作用，加上女性具有繁衍后代的能力，女性自然而然地成了社会的主宰。考古发现，山顶洞人除了使用的劳动工具中有骨针外，其装饰品还有钻孔的小石珠、砾石和青鱼上眼骨等；陕西华县元君庙遗址发现骨笄、骨珠和蚌饰等饰品。这说明母系氏族社会掌握了钻孔技术，因而很可能使用了比前人进步的石制工具，服饰的种类也因此得到了拓展。

服饰是人类文明的结晶，更是物质文明和精神文明相结合的产物。今天，服饰已经成了现代人精神风貌的表征，成了美化社会的一个重要组成部分，成了一种大众品位的审美引导。服饰艺术是通过服饰设计，表现特定时代和民族的审美情趣和精神气质的一种艺术。人类在不断美化自身的同时，也极大地推动了服饰艺术的发展。分析服饰艺术，有助于提高对服饰美的认识及其规律的掌握。

服饰包括狭义和广义两层含义：

① 狭义的服饰是附着于衣服之上或为服装主体进行搭配、修饰的装饰物的总称。如服装上的图案、刺绣、纹样，烘托整体着装效果的箱包、鞋子、眼镜、手套、领带、丝巾等。这些服饰又可以称作服饰配件，它们的作用是烘托、陪衬、点缀、美化服饰，使服装的整体艺术效果更好，更能突出穿着者的服饰形象，使人仪态万千。

② 广义的服饰是覆盖人体的所有物品的总称，指衣服和与衣服相搭配的全部的装饰和配件，除衣服本身的图案和材料肌理变化外，还包括帽、鞋、包、袜、围巾、腰饰，以

及手套、眼镜、手杖、扇子、各类首饰等。此外，它还指服饰文化、服饰史等。

服饰是服饰和服饰品的统一体，是服饰和服饰品双重概念的统称。

二、服饰的起源

关于服饰的起源各种学科说法不一，基本可归纳成两类：一类是从社会心理学层面上推论的装饰观念说；另一类是从自然科学层面上推论的人体防护说。这两类说法，在实例和推理上都有其合理性。

（一）装饰观念说

1. 遮羞说

遮羞说来自基督教的"创世说"。亚当和夏娃的故事成为这个理论的有力依据。这种学说认为，亚当和夏娃偷吃禁果后，产生了羞耻感，摘下无花果树叶遮住下体（见图1-1），这便是服饰的雏形。

但这种说法受到不少人的质疑：两性生理不同而产生的羞耻观念只会在文明社会出现，而且有证据表明，对于人体遮掩的部位，不同文化背景和种族的人会有不同的看法。遮羞只能理解为服饰产生的一种作用，而非服饰产生的原因。

2. 吸引异性说

吸引异性说指人类的服饰是从男女间的吸引异性的动机中产生的。人类出于吸引异性的需要，用衣服或饰品装饰自己，特别是在体现性别特征的部位加入特别的装饰，起到突出和强化视觉效果的作用，如沃尔道夫的维纳斯石像（见图1-2）。有史料研究说明，人类为了繁衍生息，对性的繁殖和生产有着本能的崇拜表征。因此，通过服饰去突出下体视觉的方式，可以更为直接达到吸引异性的目的，从而获得更多交配和生殖的机会，以奠定个人在种族中的地位。

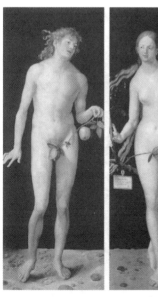

图1-1　用无花果树叶遮身的亚当和夏娃

图1-2　沃尔道夫的维纳斯石像

3. 审美说

审美说是比较普遍的关于服饰起源的说法。随着人类的进化，人们原有的听觉灵敏度降低，视觉感觉增强，对光线、色彩及形状等的感知变得敏锐，这些感知提升了人类的审美能力。人类穿着服饰，一是为了美化自我，二是为了展现自我。人类把对美好事物的好感上升到自觉的审美意识上来，学会用能看到的美去装饰自己，为己所用，如原始人用美丽的羽毛做头饰，用漂亮的贝壳或兽骨做项链和头饰（见图1-3、图1-4），在野兽皮做的防寒衣上加上图案，还在自己身体的某些部位涂上漂亮的颜色和纹样，有些地方的人还用文身、伤痕等进行体表装饰（见图1-5、图1-6）。随着时间的流逝，人类对体表实施的装饰逐渐进步到了用自然物品、人造物品，形成了服装的雏形。这些装饰身体的心理欲求，与生存的本能同样强烈，因此认同审美说的学者比较多。

图1-3 羽毛头饰

图1-4 贝壳项链与贝壳头饰

图1-5 身体涂颜色和纹样装饰

图1-6 文身及羽毛、项圈等装饰

4. 护符说

人类进化的历程中，有许多受当时的认知所限而无法解答的问题，如生老病死、天灾地祸等。这些问题在许多人的信仰观念中被认为是有魔鬼、神灵在操纵，为了生命财产不受到侵害，一些人会佩戴驱邪除魔的护身符，也会选择某些特定颜色（如中国人本命年穿红颜色衣物的习俗）、特定图案和形状的装饰物护体驱邪，由此逐渐形成服装的雏形并持续发展丰富。正如一位学者指出的：彩绘、装饰和基本的衣服，最早都是为了吸引万物有灵的力量，并避开邪恶。

5. 象征说

查理·达尔文曾经到过一个终年受风寒困扰的岛屿，他发现岛民除了头发上插着羽毛外，完全是裸体的，只有身上彩绘着象征性的图案。在澳洲，即便是现代，一些原始部落的人们赤裸的身上只佩戴一两件饰物，但是他们愿意花大量时间用彩色泥土做花样去装扮自己和他们的家人。这些原始古老的装扮，带给人的是充满神奇的象征意义。比如，戴用鲨鱼齿骨串成的项链，他们就相信鲨鱼齿骨会让他们成为勇猛成功的渔夫；再比如，大象强壮又长寿，于是他们认为拔大象毛发就象征着能得到大象的力量，将大象毛发做成饰环佩戴则有助于增长力量和长寿。今天我们也常可以看到有些人戴上十字架、勋章等，以此象征他们的某些信仰或对某些东西的忠诚。

图1-7　草编衣服

（二）人体防护说

人体防护说主要从人类生理的角度出发，强调服饰的功能性和实用性，认为穿着服饰是为了在寒冷时保持身体的温度和保护自身不受外界的侵害。

1. 保护说

赞同保护说的学者认为服装起源于热带地区，但这个区域却是不需要保护人体以使人体免受自然气候侵害的。心理学家当列普指出，原本人们穿着衣服是为了避免昆虫的侵犯，所以人们会穿些细条状的藤、草、叶片或兽皮（见图1-7、图1-8），当他们在移动时这些东西也会跟着上下拍动（类似苍蝇拍）。他认为，后来人们注意到服装可以用来提升社会地位，尤其是在价格昂贵的布匹和染料问世之后。

图1-8　叶片衣服

2. 气候适应说

气候的影响，或严寒或酷热，对人类的生存都是一个极大的考验。为了抵御寒冷，人们用兽皮包住身体（见图1-9），随后又包住脚，逐渐形成靴子，保持体温；为了对抗烈阳，人们用叶片或羽毛等遮住头，用树叶、兽皮等围住身体（见图1-10），用树皮编成天然的凉鞋，防止脚被灼伤。今天的原始部落很多还保持着这种穿着习惯，这类具有保护功能的衣服已经有很长的历史，人们的兽皮加工技术也渐趋娴熟，他们先将动物皮鞣熟、裁切，然后缝制，加工后的兽皮结实、柔软，可做袍、裙、鞋、帽等服饰。

以上几种说法各有其代表性，我们可以把服饰产生的缘由分成两大类：一是人类在自然环境中，为了保护自身不受伤害，并维持基本卫生和生理的机能；二是为了展现自己，通过服饰向他人表现自己美好的一面，从而获得异性青睐或是彰显自身在种族中的身份和威望。

图1-9　用兽皮包住身体

图1-10　用兽皮围住身体

第二节　服饰的分类

服饰的分类广义上可以从两个方面来分：一是从衣物着装方面进行分类；二是从服饰品方面进行分类。

一、衣物的分类

（一）根据穿着组合及品种分类

1. 整体装

整体装是指上下相连的服饰，如连衣裙、连体裤等。整体装是各种款式造型中变化最多、种类最多、很受青睐的款式。上衣和裙子上可以变化的各种因素几乎都可以组合构成整体装。

2. 套装

套装是上衣与下装分开的衣着形式，是较正式的服饰，可以指礼服套装、职业套装等。正式套装总体上要求风格相对统一，套装和配件之间的搭配具有一定的模式化。

3. 外套

外套是指穿在衣服最外层，在穿着时可覆盖上身其他衣服的服饰，如大衣、风衣、雨衣、披风等。外套又可分为功能型和装饰型两种。功能型外套主要以防护、保暖为主；装饰型外套则更注重服饰的外形、颜色和图案的设计。

4. 背心

背心是指一种无领无袖且较短的上衣，除常规款，还有马甲或坎肩款。其最初的功能是使前后胸区域保温并便于双手活动。它可以穿在外衣之内，也可以穿在外衣外面，品种有各种西服马甲、棉背心、羽绒背心、斜纹布背心及针织背心等。现代背心设计丰富多彩，装饰性与功能性相辅相成。

5. 裙

裙是指覆盖下半身的服饰（非连衣形式），是人类最早的服饰之一，主要是指女性的下体衣。裙一般从少女到成年女子都可穿用，是款式变化甚多的服饰，有迷你裙、斜裙、圆合裙、裙裤等。

6. 裤

裤从外形结构上说，由裤腰、裤裆、两条裤腿缝纫而成。裤子也是人们下体所穿的主要服饰，尤其是男士。按裤子的长度来分，有长裤、短裤、中裤等；按裤子的廓形来分，有灯笼裤、喇叭裤、阔脚裤等。

7. 衬衫

衬衫是一种穿在内外上衣之间，也可单独穿用的上衣。衬衫有长袖和短袖之分，有无领和有领之分，也有正式（礼仪与职场用）和非正式（休闲等场合用）之分。此类衣物品种繁多，不同的材质和细节装饰使其所表现出的气氛完全不同，无论男女都可恰当地穿用，展现出端庄、自信、气派、时尚等的良好穿衣效果。

8. T恤

T恤是由"T-shirt"音译过来的，其款式简洁，结构单纯，设计变化主要体现在领子、袖口、下摆、色彩、图案和面料上。现在的T恤衫除了是夏季常用的服装品类外，春秋季也变得活跃，从休闲服到上班装，T恤衫都展现了自己的搭配亮点，只要选择好与之匹配的下装，就能穿出时尚与流行。

9. 毛衣

毛衣是以毛线为原料，通过手工编织或机器织造的上衣。其有开衫和套头两大类，保暖性好，是春秋季和冬季的常备衣物。现代毛衣的款式较多，搭配方式多样，可穿出休闲、职业多种风格。

（二）根据穿着场合分类

随着人们的社会生活日趋丰富，人们对不同环境下的着装有不同的要求，形成了各具环境特色的装束。

1. 礼仪服

礼仪场合穿的服装可分为小礼服（鸡尾酒会服）、大礼服（晚礼服）、婚礼服、丧葬服四类。

① 小礼服（鸡尾酒会服）是傍晚时分穿用的礼服，介于午服与晚礼服之间。相较于正统、奢华的晚礼服，小礼服依据场合、气氛，在注重个性的前提下，相对轻奢。在造型上，鸡尾酒会服的裙长通常比大礼服要短，有流行倾向，可以是单款连衣裙，也有采用两件式、三件式服装的（见图1-11）。

②大礼服（晚礼服）为晚上七点以后穿用的正式礼服，也称晚宴服。采用单件式连衣裙，需露肩胸部、背部和手臂，常与精美的手套和披肩、外套、斗篷之类的衣服相配。造型上强调胸、腰曲线的塑造，突出臀部以下裙子的分量感。裙装常运用镶嵌、刺绣、褶皱、花边、蝴蝶结、花饰等进行装饰，风格高贵优雅，给人古典、正统的服饰印象（见图1-12）。

图1-11　小礼服（鸡尾酒会服）　　　　图1-12　大礼服（晚礼服）

男士礼服为西服款，依据流行趋势，可以是单排扣也可以是双排扣，选材高档，做工精良。通常为黑色，左右两襟常采用黑缎。小礼服有时会用白色，艺人和自由撰稿人等文艺工作者穿用白色小礼服的频率比其他人高。小礼服一般配白色硬胸式或百叶式衬衫、黑色横领结、黑袜子和黑皮鞋（见图1-13）。比西服款礼服更隆重的礼服是燕尾服，其上衣为黑色或深蓝色，前胸很短，约与腰齐，后裾拖长如同燕尾，长可及膝，燕尾服因此得名。燕尾服的双襟通常用黑色或蓝缎制成，用于重要的正式宴会，如国宴、隆重晚宴及观赏歌剧等场合。燕尾服一般都搭黑色裤子，裤子左右两侧装饰有黑缎带，衬衫常配白色硬胸式或百叶式衬衫，会搭白色凸花背心、皮革或棉质白手套、白色横领结、黑色丝袜、黑色皮鞋等。

③ 婚礼服是新郎、新娘举行婚礼时穿的礼服。西洋婚礼服中，新娘服初始的款式为纱质高腰曳地长裙，故名为婚纱，后婚纱材质有了变化，出现了缎纹类、棱纹绸等面料。颜色始终为白色（见图 1-14）。新娘配用露指手套，手握花束，头戴花冠，花冠附有头纱、面纱。新郎公认的是要穿着正式的礼服，大致有四种：军礼服、燕尾服、晨礼服和便礼服。

④ 丧葬服是出席葬礼时穿的礼服。为了对逝者表示尊重，着装非常讲究，无论男女都须低调。忌用色明度、纯度高的单品，宜深色系单品，其中黑色最能为外人接受。穿戴时不宜有过多的配饰，一般只戴婚戒。鞋子要注意款式及颜色的沉稳。

社交礼仪装是用于正式社交场所和社会工作场所的规范服装。社交礼仪装要求面料质地上乘，制作精良，颜色以黑色最为隆重。选择时，必须遵循 TPO（时间、地点和场合英文单词首字母）原则，因为不同的社交礼仪装会直接传达出特定的含义，疏忽这一点会给人留下不礼貌或无修养的印象。

图 1-13　男士西服款礼服

图 1-14　婚纱

2. 职业装

职业装又称工作服或上班服，款式、材质和颜色需根据工作需要而选择，尤其是制服类，更是特点鲜明。职业装是结合职业特征、企业文化、年龄结构、体型特征、穿着习惯等，从实用和标志功能出发综合定型的服饰。其最大的特点在于能通过服饰反映不同的职业特色（见图 1-15）。

3. 休闲服

休闲服是在闲暇生活中人们所穿的服装。它也是人们除了上班、社交礼仪场合之外，穿着最多的服装。休闲服涵盖了街市服、郊游旅行服、约会（聚会）服、运动服等多种类型的服饰。随着人们生活品质的提高，越来越多的人强调了闲暇生活价值观的重要性，休闲服也因此而流行（见图 1-16）。

图 1-15　上班服

图 1-16　休闲服

4. 家庭服

家庭服是在居家活动中穿着的服饰，此类服饰以方便、舒适、温馨、轻松为最大设计诉求，主要品种有传统的、在卧室穿的睡衣、吊带裙；有沐浴用的浴衣；有家庭会客用的家居装；有打扫卫生和厨房穿的工作装等。颜色倾向于自然雅致，款式基本分为宽松型和合体型两类（见图 1-17）。此类服饰适于室内穿着，不宜进入公共场所或出席一些较正式活动的场合。

5. 表演装

表演装是指用于特定展示目的的服饰，如晚会表演服、商业表演服、影视表演服、京剧舞台服饰等。此类服饰一般更注重其观赏性和艺术性（见图 1-18）。

图 1-17　家居服

图 1-18　表演服

（三）根据服饰的制作或生产方式分类

1. 成衣

成衣指按一定规格批量生产的成品衣服，是相对量体裁衣式的定做和自制的衣服而出现的一个概念。成衣作为工业产品，符合批量生产的经济原则，生产机械化，产品规模系列化，质量标准化，包装统一化，并附有品牌、面料成分、号型、洗涤保养说明等标志。

20 世纪 50 年代，二战结束后经济开始恢复，人们对服装的需求量增大。与此同时，社会民主导致高级时装业的市场日趋萎缩，美国主导下的全球成衣业发展，严重打击了法国的高级时装业，传统的高级时装产业在时代洪流中局限性明显，从事高级时装产业的工作者积极寻求变革。但在当时，法国的高级时装设计师们对自己作品的批量化生产很反感，这种反感成了阻碍高级时装变革的重要因素。然而，经济的发展并不会因此停步，权衡利益后，巴黎的高级时装设计师开始让步，他们将高级时装发布会中方便成衣化生产的款式，或被认为能引发大众流行的款式，简略化后在成衣工厂进行批量生产，形成高级成衣。与一般成衣相比，高级成衣的选材类同高级时装，非常讲究；另外，高级成衣在裁剪、缝制工艺上也能看到高级时装的影子。高级成衣的售价虽然高出普通成衣许多，可也只有高级时装价格的六分之一。因此，这种价格被更多消费者接受，高级成衣业开始成为品牌的主要盈利来源。

2. 时装

时装从字面上可以理解为时尚的、流行的、前沿的、富有时代感的服饰。时装属服饰大类品种下的一个分支。从时装涵盖的两个层面可揭示时装的含义：一是指当代通行的服饰表示在特定历史阶段中人们所普遍认同和穿着的服饰，其存在的时间段相对较长，也有经过流行的筛选相对固定下来的某些款式，如西装、夹克、旗袍等。二是指式样最新的服饰，带有相对较短的流行性，受追逐时尚、彰显个性的群体喜欢，而这也是我们通常所理解和认同的时装概念。

3. 高级时装

高级时装又称高级定制，简称"高定"。其诞生于 19 世纪中叶，源于欧洲的传统贵族服饰文化。1858 年，"时装之父"查尔斯·弗雷德里克·沃斯与人合伙，开设了以"Worth and Bobergh"命名的巴黎第一家高级时装店。他们在销售服装的同时销售设计图，这使他们和只负责服装制作的裁缝区别开来，完成了从裁缝到时装设计师的转变。高级时装业是一个独立的世界，它与高级成衣业不同，有着自己的一套规则和不同的表达方法，也因此于 20 世纪 50 年代逐渐与高级成衣业分离。高级定制通常是由世界优秀时装设计师主持的工作室，按顾客（各国皇室成员、贵族和社会名媛等富裕人群）的要求专门测量，根据穿着者的体形、肤色、职业、气质、爱好等来选择面料花色、确定服饰款式造型，用手工定做出的独创性作品，制作周期长短不一，常见为 2～3 个月。每件作品均采用优质昂贵的材料和精湛的工艺制作，并且大多仅此一件，不可复制，因此，每件作品都价格昂贵，并非普通人群能够消费；设计师及其时装店必须经过法国巴黎时装协会的会员资格认证，其时装作品才能使用高级时装的称号，并且受到法律的保护，由此产生的时装属于奢侈品。巴黎、米兰、伦敦、纽约每年的春夏和秋冬高级时装发布会，一直是全世界时装界的盛会，而高级时装发布会则更多的是设计师个人风格的展现和竞相施展才能的舞台。虽然高级时装的特殊消费属性制约了它的市场流通，但其设计的独特性和消费者的社会影响力，仍然能够带动和促进时装产业的发展。

（四）根据服饰的材料分类

1. 纤维服饰

纤维服饰是以不同的纤维为原材料制作而成的服饰。日常服饰所属纤维通常分为天然纤维和化学纤维两大类。天然纤维简而言之是指从自然界中的植物或动物皮毛提取并加工出的纤维，用此类纤维制作的服饰有棉麻服、羊毛衫、真丝裙等。化学纤维又可分为人造纤维和合成纤维。它们是人们从各种各样的物质中提炼或合成的纤维，用其制成的服饰繁多，丰富了服装市场，如人造纤维中的莱赛尔、莫代尔、醋酯纤维、铜氨纤维和其他粘胶纤维制作的衣物，合成纤维中的涤纶、锦纶、腈纶、丙纶、维纶、氯纶、氨纶等制作的衣物，另外还有混纺材料做成的衣物。

2. 毛皮服饰

毛皮服饰是用动物毛皮制成的服饰，此类服饰也称为皮草，如裘皮大衣、貂皮外套、狐皮马甲等。这类服饰华丽而昂贵，随着人类环保意识的增强，毛皮服饰的发展受到了一定影响。

3. 革皮服饰

革皮服饰是用去毛的动物皮加工制作而成的服饰，如羊皮夹克、牛皮鞋等。此类服饰由于材料的不同，在制作加工等环节更为复杂和烦琐，所以成品售价也相对较高。

4. 填充类服饰

填充类服饰主要是指在服饰面里料之间填充一定的材料，如棉、丝、羽绒、鹅绒或絮状物等，主要起保暖防护作用的服饰，如棉袄、羽绒服、登山服等。

5. 其他材料的服饰

其他材料的服饰是指选用非常规的面料加工制作而成的具有特殊功能性的服饰，如芦苇服、金属服、宇航服、潜水服及舞台表演类服饰等。

二、服饰品的分类

在物质丰富的社会，富裕起来的人们越来越关注服饰的整体搭配，服饰品已成为服饰整体设计领域的一个重要部分。服饰品种类繁多，通常服饰品可按装饰的人体部位来分类。

（一）头饰

头饰是戴在头部物品的总称，具有遮阳、保暖、装饰和防护等作用。帽子、面纱、假发、头巾都包括在其中。帽子种类极多，要根据脸型和自己的身材来选择帽子，要尽量扬长避短；帽子的形式和颜色等必须和服饰相配套。

（二）首饰

首饰是指由各种材料设计制作而成的装饰品，用于装饰人体的各个部位，如项链、耳环、手镯、鼻饰、臂饰等，具有实用、美观、收藏、保值等作用。

（三）领饰、围巾与披肩等

领饰、围巾与披肩等是用于装饰领口或靠近领口部位，以纺织品为主材料的装饰物品。

（四）腰饰

腰饰是指用于装饰腰部的各种装饰物，如腰带、腰链等。

（五）箱、包、袋

箱、包、袋是指由不同材质材料制作，以实用为基础，又具有装饰功能的盛物物品。

（六）鞋、袜、手套

鞋、袜、手套是指由各种材料制成，以实用为基础，用于足部、手部的物品，主要有防护、保暖功能，同时在服饰整体搭配中有装饰美化的重要作用。

（七）其他饰品

其他饰品包括眼镜、扇子、伞等原以实用性为目的的一些饰品，现在已经成为实用性和装饰性相结合的产物。

第三节　服饰的意义和作用

一、服饰的意义

（一）民族识别

服饰是人类文化的显性表征，在民族识别和民族研究中，服饰也是重要的研究依据和应该予以注意的对象之一，它在文化艺术领域有不可或缺的地位。一个民族的共同经济生活和表现与共同文化上的共同心理素质，都和本民族的服饰有关。到了一个地方，这个地方生活着几个不同的民族，或者说同一民族的生活圈有多大，最直观简便的观察方法就是看有多少不同的民族服饰。事实上，一个民族生产满足其在衣、食、住等方面的需要的物质资料的活动，即他们的"第一个历史活动"，正是构成他们共同的经济生活的基础。日常穿着打扮更明显地表现出他们的"共同文化上的共同心理素质"。中国西北的东乡族是中国十个全民信仰伊斯兰教的少数民族之一。该族男子出门在外，只要头戴一顶黑色或白色软帽，留着大胡子，同教人见到，便显得十分亲热，必定以和相待，并得到十分周到的保护和多方面的援助。

（二）社交意义

服饰的社交意义在于通过服饰的语言形成另一种形式的沟通。例如，穿着休闲服饰的人，其服饰语言往往是：我正处于非工作状态、我在享受闲暇时光、我可以活泼善谈、我可以充满生命力等，这种语言跨越了年龄、性别限制，在大多数人身上都得以体现。穿工作服的人，给人以职业、专业的感觉，使人觉得在某个领域可以予以他们信赖。穿时装的人，会给人或端庄、或大气、或典雅、或时尚、或新锐的感觉，这会让你更好地找到与他们沟通的方法。穿礼服的人，在特定的社交场合内，能使人们了解他们的品位、内涵，对生活、时尚的见解与追求等相关信息。服饰的社交意义，毫不逊色于言语交流，因此，服饰具有一种不可小觑的语言力量。

（三）地位象征

在阶级社会，服饰可以用来作为表示穿着者的阶级、身份类别的饰件，特别是作为统治者地位的象征。中国历代帝王以冕服来象征其威严。明清的文官用不同的鸟类图案缀于服饰的胸背来区分品级，武官服饰则采用不同的兽类图案。白居易在《长恨歌》中写道："花钿委地无人收，翠翘金雀玉搔头。"这里所说的花钿、翠翘、金雀、玉搔头等物，都是杨贵妃头上所戴的饰物。而罗马时期的托嘎也因穿着者的地位有明显区分：白色托嘎是普通人穿的；带有紫色镶边的托嘎是官员、神职人员及上层社会 16 岁以上的人穿的；绣金紫袍则是官员将军的礼服，也是帝王的传统服装。

（四）宗教信仰

因宗教信仰的不同，宗教专用服装，往往是一个宗教或一个教派的标识。如佛教出家人穿的服装为法衣，俗称僧衣。法衣意即符合佛法之衣，包括制衣和听衣，常见配饰为佛珠。现代信仰佛教的人，还是穿普通人的服装，但配饰上的佛珠是必不可缺的。

基督教圣职人员的服装为圣衣（祭衣），原为古罗马帝国普通人的服饰，后逐渐定型为教会专用。主教祭衣的配套服饰还有主教冠、十字项链、长手套、权杖等。现代信仰基督教的人，也是穿普通人的服装，但配饰上的十字项链是必不可缺的。

伊斯兰教服装大多采用伊斯兰国家的民族服装。男子多为头缠白布包头，或戴多种多样显示族别、身份、地位的帽，身穿大衣、长袍（袷袢）或大褂。在朝觐中，朝拜者一律穿朝觐服，即哈吉衣（戒衣）。女子穿黑、白、灰等素色布制长衫，有的戴盖头或面纱。

二、服饰的作用

服饰作为人们生活和工作中不可或缺的一部分，其作用是多方面的，但总体概括起来可归纳为实用性和审美性两个方面。

（一）服饰的实用性

服饰随着人类的产生、延续而产生和延续，与主要为审美而创作的艺术品是有区别的，它首先必须满足人们物质生活的实际需要。或者说，它首先必须满足人类的基本生理需求。远古时代，人类祖先为适应环境和气候等诸多外界因素，制作出了最初的服饰。这种形式的服饰离不开实用的目的，具有护身、保暖、防晒、防虫等最基本的功能。随着社会的发展，科学技术不断进步，人类把因人的生理需要而存在和延续的服饰功能研究拓展到了方方面面。如今人们已可以根据不同的需要，设计制作出具有不同功能的服饰，如根据自然环境的变化而设计产生的防寒服、防暑服、防雨服、防风服等；为应对外界危害而设计产生的防火、防尘、防毒、防虫、防腐、防辐射、防弹等专业作业服、生化服、作战服等，人们熟悉的消防员穿的耐高温消防服、潜水员穿的不透水的耐压潜水服、医护人员穿的防护服（见图 1-19）、宇航员穿的宇航服等就属于此类。今天的服饰已实现了保护身体来抵抗强烈的日晒、极度的高温与低温、辐射、外力的冲撞、蚊虫、病毒、有毒化学物等功能。总而言之，服饰较大程度实现了抵抗任何可能会伤害人体的东西。人类在设计服饰以解决某些实际问题上已经展现了高度的创造力。这些服饰从造型、材料、颜色上都要求对着装个体有极强的保护作用。服饰的实用性除了满足人们物质生活的实际需要，还包含对社会环境（职业类别、宗教信仰、传统文化、人文习惯、风俗习惯）等的适应。

图 1-19　医用防护服

（二）服饰的审美性

审美是人类特有的一种精神需求，是人们在欣赏美、创造美的活动中所形成的思想和观念。长期以来，服饰的实用功能不断提高，其御寒防暑、庇护身体的作用早已成为一般的功能。现代社会，人们更加注重的是服饰整体效果在视觉中的印象，也就是说，人们在注重服饰单独造型的同时，还强调衣物与饰品之间的整体搭配。无论是生活中的普通人群，还是行走在 T 台上的模特，他们的形象只有在衣物与饰品的完美搭配后，才显得更有魅力。

1. 服饰本身的美

服饰本身的美通常是指我们看到一件衣服或服饰品时，感叹其良好的造型、美丽的颜色或上乘的质地、精致的细节等（见图 1-20、图 1-21）。这种美好的感觉来源于服饰本身，人们被衣服或服饰品本身所具有的美学特质所吸引。当人们都认同这种美感时，服饰自身的审美性在某种程度上就得以体现。衣服或服饰品自身美的实现与服饰设计及制作紧密联系在一起。服饰设计中，衣服和服饰品两个大的类别既可以单独的形式存在，也可包含于服饰这个整体之中。

图 1-20　服饰本身的美 1

图 1-21　服饰本身的美 2

2. 服饰的整体美

服饰的整体美是指衣服与服饰品之间的合理组合使着装人产生的美感（见图 1-22、图 1-23）。在全球服饰产业迅猛发展的势头下，服饰品作为集实用性和装饰性于一身的物品，在服饰领域里的重要性早已不言而喻。在如雨后春笋般出现的配件专卖店里，人们可以看到琳琅满目的各式鞋帽、包袋、围巾、腰带（皮带）、领带等配件，当然更少不了各类珠宝首饰了。配件近来流行的原因之一是，人们发现只要善于搭配一些具有个人独特品位的配件，便能使一件衣服具有不同的外观。例如，职业女性的衣服虽然稳重端庄，但略显拘谨，如果点缀一条得体的丝巾或一个别致的胸针，就能够给人带来视觉上的柔和与亲近感。配件近年来流行的另一个原因是，人们意识到服饰搭配可以展现出自己的品位。人们在日常着装中追求外表上的完美和品位，一般需要借助服饰配件，这让人们热衷于选购配件。选购配件时，应该以着装者的穿戴特点（包括体型、个性、生活方式）为基础，找出可以搭配的配件风格和款式。这是一项考验艺术审美的挑战。穿上需要搭配配件的服装上街采购，这样能更容易地买到与衣物相搭配的配件。

　　早期设计师常常会随服装推出包括首饰、包、鞋、帽、腰带和手套等的系列配件，以便人们穿衣时整体配套。现在的设计师不再恪守于此，他们每季推出多款设计新颖、价格亲民的新产品，这些商品可以成套购买，也可以只购买不同系列的单品，再由顾客自行组合。设计师们设计配件时，必须注重配件独立的功能性，并使它们具有很强的搭配性，才能给穿着者带来更多造就服饰整体美的空间。

图 1-22　服饰的整体美 1　　　　　　　　图 1-23　服饰的整体美 2

第二章　服饰文化发展史

第一节　我国服饰文化发展史

服饰，在承载着人类文明发展与进步的同时，也成了一个国家民族艺术的重要组成部分。它反映了人们的物质生活水平，体现了人们精神领域的审美意识。

中华民族作为世界上最古老的民族之一，服饰起源早，历史悠久，素有"衣冠王国"的美誉。在50万年前的北京猿人时期，人们用兽皮护身御寒。在距今1万多年前的北京山顶洞人时期，人们所穿的兽皮衣服已经开始用骨针缝制连在一起，遮住重要部位，一些兽牙、骨管、石珠等做成的饰品也开始出现，这是中华民族服饰的发祥期。随后服饰的发展与各朝各代农、牧业生产水平有着密切的关系，服饰的款式则与时代的文化和政治有着千丝万缕的联系。

人类文明发展是伴随着服饰开始的。研究和探索我国历史文化发展的轨迹可以看出，服饰文化对中国的历史文明具有贡献与传承的作用。探索表明，服饰除了其本身所具有的功能外，在中国几千年的文化观念中还包含政治、信仰、伦理、传统、民族等诸多要素，在阶级地位等级分明的时代，服饰文化带有十分明显的阶级地位，从而直接或间接地成为民族文化和民族发展的重要推手。探索还表明，中国服饰文化的发展与社会朝代的变革和文化、经济、政治制度等因素联系紧密。

以下我们沿时代发展的轨迹，概述我国服饰文化发展的历史。

一、原始服饰

我们大多只有通过考察当时社会的彩陶和雕刻人像等，才能知晓彼时的原始服装面貌。可以肯定的是那时已经发明了纺麻、养蚕和缫丝，加上毛与动物的皮，人类可用的衣料已经拓展到麻布、葛布、丝绸、毛织品了，由此人类原始裸态的生活进步成了穿衣的文明生活，并在母系氏族的繁荣期形成配套，包括冠帽、衣裳、套裤、护腿、鞋靴、发式、配饰等。其中衣裳多为窄袖紧身、衣长及膝的褥衣，也有上下相连、长过于膝、腰间束带的衣裳。冠帽中多有尖顶高冠、圆帽、帽箍、羽冠、包头布。服饰纹样有很大一部分是从原始人的文身中转移到衣裳上的。配饰已经细分成发饰、耳饰、颈饰、臂饰等，原材料有兽牙、海贝、鸵鸟蛋壳、螺、骨、石、玉等。

二、夏商周时期的服饰文化艺术

（一）夏商周时期的服饰文化背景

夏商经历了奴隶社会的兴起与发展，到西周奴隶社会开始走向鼎盛。为了维护奴隶社会的各种秩序，夏商周时期的社会等级制度森严，这种等级制度以"礼"的形式被固定下来，作为"礼"的重要内容——服饰文化被赋予了强烈的阶级内容。具体表现在这个时期夏商通过穿着冠、冕、帚来施行礼仪之制，而周朝这种服饰制度则日趋完善。夏代已用丝绸、麻布作衣料，并用朱砂染色。商周奴隶主贵族平时衣服的基本形式是上衣下裳。上衣一般为交领、窄袖、右衽、衣长至膝，色彩华丽的丝绸面料上织着各种图案。衣服领及袖口都用花边装饰，窄袖式短衣是常款。穿在下身的称为裳，其实是一条围裙，掩住下体。在裳里，人们腿上只穿有像今天的袖套一样的裤子。这种裤子无裤裆，也没裤腰，只用带子连接在腰上，叫胫衣。

（二）夏商周奴隶主对服饰及其原材料严格管控

夏商周时期的服饰作为"礼"的内容，除遮挡身体外，还被当作"分贵贱，别等威"的工具，因此奴隶主们对服饰及其原材料的生产、管理、分配、使用逐渐形成了类似现在的垄断经营。周朝政府除设有庞大的官工作坊从事服饰及其原材料的生产外，还在各部门设有专门管理王室服饰及其原材料的官吏，对于制作精良的染织品、装饰用品和刺绣品，从原料、成品的征收到加工制作及分配使用，都进行了严格的管控。

（三）夏商周的章服制度

在掌控王朝的统治者眼里，与衣服有关的事是政治大事。中国历史就是从"垂衣裳而天下治"开始的。从夏商到周，尤其是商王朝，采用神权与王权合一的方式管理国家，社会阶层的尊卑等级是维护国家体制的基石。为配合政治社会的等级制度，以国王的冕服为中心，逐步发展形成章服制度。王室公卿为表示尊贵威严，在不同礼仪场合，要冕弁有序，穿衣着裳也须采用不同形式、颜色和图案。在历代的服制中，祭服极为贵重显赫。周代时期，天子在祭祀活动中都要穿象征至高王权的十二章服。图 2-1 所示的是有十二种纹样的冕服，象征王权的十二种纹样各具深厚的寓意。

图 2-1　冕服图

（四）商周时期平民和奴隶服饰

商周时期的平民和奴隶穿本色粗麻布衣，或粗棉布衣，一般是身穿贯头衣，圆领、小袖，衣服的长度到脚踝，头露顶不着冠帽，全身无任何装饰。图 2-2 所示的跪玉人，即可看出商周社会平民或奴隶的穿着特点。

夏商周时期服饰文化的特点：

① 夏商西周时期的服饰具有实用性和审美性相结合的鲜明特征。

② 夏商西周时期的服饰具有明确的等级制特点。

③ 夏商西周时期形成的章服制度，明显地体现出当时统治阶级"礼"与"德"以及等级制的思想观念。

三、春秋战国时期的服饰文化艺术

图 2-2 跪玉人

（一）春秋战国时期的服饰文化背景

春秋战国时期以下方面得到了发展：工具方面，人们开始使用铁器，促进了当时生产力的发展；农业方面，生产采用牛耕作，促进了农作物的生产；种植及蚕桑的培育也开始普及，即"麻枲丝茧之功"，带动了纺织业的发展；另外"百家争鸣"思想对当时的穿着标准、服装仪制等也产生了推动作用，人类社会整体呈现出生动活跃的局面。

（二）春秋战国时期的服饰全方位发展

春秋战国时期丝织物的质地已经可用精美来形容，典型的如齐鲁生产的罗纨绮缟，陈留、襄邑生产的美锦等。春秋战国时期纺织服装的工艺水平也很高超，纹样多变、刺绣精美，在江西靖安发掘的距今 2500 年的纺织品，每平方厘米的经线竟达到 280 根之多，每根线的直径只有 0.1 毫米，技艺极高，成了纺织史上具有标志意义的成品。总之，春秋战国时期已形成了有特色的染织专业地区，服装在造型、纹样、饰物上得到了全方位的发展。

（三）春秋战国时期的服饰变革

春秋战国时期，有各自独立的七国崛起，周天子的权力日趋衰微。各国交相争霸，即所谓"五伯迭兴，战兵不息"，又由于各国诸侯的爱好和奢俭的不同，于是产生了服饰的变革。

服饰变革中重要的一款是深衣，深衣即深藏身体之意。深衣上衣下裳分裁，腰间缝合，制以十二幅，以应十二月之意。深衣所用面料初为白麻，后多用彩帛。此时期因下裳（裤）只有两个裤管而无裤裆，为了既能安全掩体，又能行动方便，"曲襟（裾）"诞生。曲裾袍（见图 2-3）是在衣襟右侧连缀一块三角形的帛，使衣襟延长，尖端绕至身后再从左腋下绕至身前。深衣的制作方式对后世影响很大。

战国时期，赵武灵王明白富国强兵才是唯一的出路，在传统车战已被大规模步兵、骑兵作战所代替的情况下，经过仔细考察，为了适应作战需要，在全军推广胡人（北方少数民族）的胡服（见图 2-4），即短衣窄袖、左衽长裤、革带皮靴，以改变先前那种上衣下裳、宽衣博带式的服饰，以便于骑射之用。赵武灵王进行服饰的改革，学习胡服，是中国服饰历史上的一次重大改革，对后世服饰产生了重要影响。同时这一重大改革使得赵国军事力量大增，最终跻身"战国七雄"之列，由服饰改革变成政治上的成功。

春秋战国时期服饰颜色观念有所改变，过去象征高贵的青、赤、黄、白、黑变为后来的紫色。春秋战国时期服饰的纹样在商周时期服饰基础上演变而来，由严峻凌厉之美、象征权威，演变为图案结构向曲线发展，纹样可随意创作，完全摆脱思想禁锢，且具备一定的象征意义，例如祥凤纹饰象征宫廷、鹿马纹饰象征长寿等。

图 2-3 曲裾袍

图 2-4 胡服骑射

（四）春秋战国时期盛行的中原服饰

春秋战国之际，深衣是中原盛行的服饰，男女都可以穿。春秋战国时期等级划分十分的严格，平民穿的衣服大多是粗布料，像大麻和葛织物之类的。而统治者和贵族则是大量使用丝织物，甚至还出现过毛、羽和木棉纤维的衣物。其实像这种因为等级划分而造成的服饰差异在各个朝代都有，只是越到后面人们的生产水平越高，普通民众同样穿得起丝制衣物，衣物的质量也是越来越好，这就反映出了服饰的发展和生产水平之间的关系。

春秋战国时期服饰文化的特点：

① 服饰用料的种类趋于多样化。

② 服饰的款式有了明显的变化，出现了深衣。这为汉服基本款式的形成奠定了基础。

③ 春秋战国时期的服饰色彩也有重大的变革。

④ 这一时期形成了百家争鸣的服饰哲学观。

⑤ 服饰中体现出明显的民族融合趋势。

四、秦汉时期的服饰文化艺术

（一）秦汉时期的服饰文化背景

公元前 221 年，秦始皇统一中国，改变了诸侯割据造成的"田畴异亩，车涂异轨，律令异法，衣冠异制，言语异声，文字异形"局面，实行了许多巩固统一的措施，为后来汉民族的形成与经济文化的发展创造了有利条件。

汉代400多年的发展巩固了封建社会制度。各国服饰在民族紧密联系间相互影响、改革创新。汉代是纺织业发展的高峰时期，在发达的纺织业背景下，汉朝与西域的文化交流也极为频繁，丝绸之路的开辟就是汉武帝两次派使者出使西域促成的。秦汉时期的衣冠制度历经了从秦代不守旧制、不守周礼到东汉重定服制、尊重礼教的过程。

（二）秦汉服饰制度

秦朝的服饰制度，遵循从今弃古的原则，废除周代繁缛的冕服制度，仅保留在典仪上使用的礼服玄冕。最值得一提的是秦朝的军戎服装。秦崇尚黑色。对于其他服饰，秦朝一般在沿用春秋战国某些形制的基础上加以简化，力争实用。进入东汉后，礼仪服饰恢复了周代的冕服制，并加入了新内容，这时期古代服饰基本定型。

（三）秦汉时期的典型服饰

秦汉时期，男子以袍为贵。袍服属汉族服饰古制，秦始皇在位时，规定官至三品以上者，绿袍、深衣。平民穿白袍，都用绢制作。汉代400多年一直用袍作为礼服。女子服饰主要分为两大类：一是作为礼服的深衣，二是日常穿用的襦裙。秦汉妇女以深衣为尚，衣襟绕转层数比战国时的深衣有所增多，下摆部也有所增大。

秦汉一般男子穿短袍。短袍是一种内有夹里长至膝以下的衣服。其因材质粗糙而简陋，就叫作褐，也有贫穷之意，因此古时称贫贱者为褐夫。衫是作为内衣和夏装使用的，又称中单，分为大襟、对襟，到汉朝刘邦时改名为汉衫。秦汉以前裤子发展缓慢，到秦汉时才发展完善。宫中妇女都穿着有裆的、在前后用带子系住的裤子，此后裆裤（见图2-5）开始流行起来。图2-6中的素纱蝉衣的质地，犹如禅翅一样轻薄，可以看出当时纺织业的发达水平。

图2-5　说唱俑

图2-6　素纱蝉衣

秦汉时期配饰也日益精美，金玉最多（见图2-7、图2-8）。发饰主要有笄、簪、钗、华胜、步摇等。此时期耳饰有瑱、耳环、耳坠、珰等。秦汉时期佩玉大多以观赏玉为主。

秦汉时期服饰虽不是中国服饰演变史中最瑰丽的一页，但绝对是最有力度的一页，它的很多风格都给予后世以重要影响，而它本身又是吸收外来文化、具有开拓意义的一代服饰。从汉代开始，中国的民族交流才开始大规模发展；中国的服饰包括服饰质料乃至图纹，才更丰富、更融入多民族的文化内蕴和艺术精神。

图2-7　玉饰

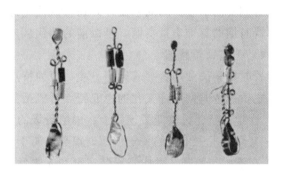

图2-8　金耳坠

概括起来，秦汉服饰文化的主要特点有：

① 服饰的种类和式样更加丰富。如头衣主要有冠、巾、冕等；体衣则有衣、裳、裙、深衣、袍、褐、中衣、小衣、衫子、裘、皮衣等；胫衣有袴、裹衣、履等。此外，礼服、祭服和佩饰也日趋增加。

② 服饰中体现出了较为严格的等级制度。主要体现在服饰的样式、色彩和佩饰的规定上。

③ 确立较为完备的服饰制度。

④ 纺织印染业进一步发展，开始出现专门的制衣官吏和组织机构。

五、魏晋时期的服饰文化艺术

（一）魏晋时期的服饰文化背景

魏晋是政治和经济动荡的时期，士大夫阶层形成了消极的社会风气，追求"对酒当歌，人生几何"的享乐主义，沉沦于颓废的生活方式，以老庄、佛道思想为时尚，这种风气也直接反映在人们的衣冠服饰上。最有代表性的是当时的"竹林七贤"。宽衣博带是这时期的流行服饰。男子穿衣敞胸露臂，衣服披肩，追求轻松、自然、随意；女子服饰则长裙拖地，大袖翩翩，饰带层层叠叠，优雅而飘逸。同时，民族间战争频繁带给各民族在服饰上互相影响、互相渗透的机会。

（二）魏晋时期男子服饰特点

魏晋男服以长衫为主。衫的样式宽大且敞袖，有单、夹二式，纱、绢、布是主要制衫材料，典型如"笼冠大袖衫"。《晋书·五行志》云："晋末皆冠小而衣裳博大，风流相放，舆台成俗。"文人雅士喜好的褒衣博带是此时期的主要服饰风格。直到南朝时期,这种衫子仍为各阶层男子所爱好,成为一时的风尚。

(三) 魏晋时期女子服饰特点

魏晋妇女服饰多承汉制,传统的深衣男子已不再穿,但在妇女中间仍有人穿着。其总体特征是上俭下丰。上层妇女中流行的杂裾垂髾服就是深衣下摆变化后形成的。

魏晋时期的妇女服饰也以宽博为主,其特点为:除大襟外还有对襟,束腰,衣袖宽大,并在袖口、衣襟、下摆缀有不同颜色的边饰,下着条纹间色裙,腰间用一块帛带系扎。当时妇女的下裳,除间色裙外,还有其他裙式。

魏晋时期的首饰华贵富丽,是以前的朝代从未有过的。

(四) 平民服饰特点

魏晋时期平民劳动者穿着以窄、瘦、短为特点,主要形制为短衣长裤、下缠裹腿。

总之,魏晋时期服饰文化的主要特点可概括如下:

① 哲学的新建树改变了魏晋上、中层阶级的穿着方式与姿容仪态。

② 文学艺术中出现的关于道德、审美等属于文化范畴的理论对服饰风格影响深远。

③ 在绘画与雕塑艺术中,服装造型和人物形象和谐统一,服饰贴体适度。

④ 平民服饰透露出民族融合的信息。

六、南北朝时期的服饰文化艺术

十六国南北朝时期,中原出现了多民族杂居的生活状态。他们互相学习交流,改变了单一的文化和生活习俗,汉族穿着胡服成为时尚。南北朝服饰有受北方民族影响的裤褶,还有延伸至军中的裲裆,军中称为"裲裆铠"。少数民族受汉朝典章礼仪影响,穿起了汉族服饰。鲜卑族北魏迁都洛阳后推行华化政策,使秦汉以来冠服旧制得以再续。

七、隋唐时期的服饰文化艺术

(一) 隋唐时期的服饰文化背景

隋唐时期的衣饰承上启下、博采众长,是中国古代衣饰发展的重要时期。唐代纺织业非常发达,印染工艺进步,绘图、文学、雕塑都发展到十分高的艺术境界,其独特的审美角度与审美造型给服饰的材料、颜色、款式设计等提供了精美的素材。

唐朝继承了隋朝的服制,皇帝穿黄色,其他人一律不许穿黄袍;对官员服饰也做了十分严格的规定,如三品以上官员穿紫色,四品、五品穿绯色。唐代冠服制是自汉代以来最系统最完备的冠服制度,在我国服饰史中具有重要意义,直接影响以后朝代的服饰发展。

(二) 隋唐时期男子服饰特点

隋唐时期男子主要穿着袍衫,小圆领,长至脚踝。至于下层人民一般穿长过臀的短衫,在两侧开衩。男子首服由幞与巾组成,穿戴范围广,品种多样。

(三) 隋唐时期女子服饰特点

隋唐时代繁荣兴盛的气象为女人营造了空前开放的氛围。隋代服饰最突出的特点是窄袖短襦。襦裙（见图 2-9）是短上衣加长裙，裙一般都系到胸部，给人俏丽修长之感。唐时也流行半袖服饰，衣长至腰部，对襟如同现在的坎肩。

唐朝女子服饰的另一特点就是雍容华贵。唐时社会开放，女子崇尚丰满，衣服领宽大，袒露上胸，下裙拽地（见图 2-10）。

（四）唐朝发式与妆容的特点

唐朝发式很有特点，贵族发式都向上高耸，妇女以各种方式来装饰发丝，头饰质地有金、银、珠、玉等，十分繁多，装饰十分华贵。此时期的妆容有十分素淡的红妆和白妆，红妆是面以胭脂红粉晕而得名；白妆是指白粉扑面不施胭脂，再配以黛眉，十分素淡。这一阶段的妆容风格直接影响至现代，如日本艺人传统妆容就是学习唐代的。

图 2-9　襦裙

隋唐时期服饰文化的主要特点概括如下：

① 厘定服制，以颜色分辨百官等级。

② 绚丽夺目的唐服——大唐史诗般的文化结晶。

③ 染织与刺绣工艺高超，面料精美绝伦。

④ 服饰文化继承华夏传统，吸收外域文化，推陈出新。

图 2-10　唐朝女子服饰

八、宋代的服饰文化艺术

（一）宋代的服饰文化背景

宋朝统治者注重文治，竭力推崇程朱理学，把朱熹“存天理，灭人欲”的思想作为维护封建统治的理论根据加以倡导，其目的在于消灭人们的任何反抗意识。宋朝历史以平民化为主要趋势，服饰也质朴平实，反映时代倾向。这种理学观点影响到人们的着装，使宋朝的服饰一改唐朝服饰旷达华贵、恢宏大气的特点，服饰颜色严肃淡雅，色调趋于单一。

（二）宋代男子服饰特点

宋代的男式服饰，其服色、服式多承袭唐代，只是与传统的融合做得更好、更自然，给人的感觉是恢复中国的风格。宋朝的男装大体上沿袭唐代样式，一般百姓多穿交领或圆领的长袍，做事的时候就把衣服塞在腰带里。衣服是黑、白两种颜色。当时告老的官员、士大夫多穿一种叫作直缀的对襟长衫，袖子大大的，袖口、领口、衫角都镶有黑边，头上再戴一顶方桶形的帽子，叫作东坡帽。宋代男子除在朝的官服以外，平日的常服也是很有特色的。常服也叫私服。宋官的常服与平民百姓的燕居服形式上没有太大区别，只是在用色上有较为明显的规定和限制。

（三）宋代女子服饰特点

宋代的女装是上身窄袖短衣、下身长裙，通常在上衣外面再穿一件对襟的长袖小背子，很像现在的背心，背子的领口和前襟都绣上漂亮的花边。宋代女子服饰分三种：一种为自皇后、贵妃至各级命妇所用的公服；一种为平民百姓所用的吉凶服，称礼服；一种为日常所用的常服。

宋女性追求清瘦苗条的弱柳扶风之美，因此在整体上追求瘦长裙子，裙上多进行折褶处理，而且褶多，有"百迭千褶"之称。宋代女性崇尚素雅，白色为其最爱，"要想俏，一身孝"是其审美的最好写照。宋代衣服颜色虽然没有唐代明艳，但配色更为丰富。宋代女子流行的典型服饰是背子（见图2-11），为对襟直领，前后衣裙分开，两侧开衩，领、侧缝都作了镶色处理。宋裙衣料质地有绫、罗、绸、缎、纱等。

图2-11 背子

（四）宋代配饰特点

配饰上，宋代女子流行的头式有凤头、尖头、云头等；头上喜戴花冠和冠梳，如图2-12所示的金翅乌即为花冠的一种。宋代女子已经开始缠足，文学中常用的"三寸金莲"就是指宋代女子足穿尖头鞋。总体来看，宋代服饰内敛雅致，基本符合当时流行的文化风范，但又不失精致典雅。

宋代服饰文化的主要特点概括如下：

① 程朱理学束缚人们思想，美学观念发生变化，服饰追求"务从简朴"。

② 纺织业兴盛，剪刀、针具、熨斗发展形成行业。

③ 服饰文化与契丹族、女真族服饰文化融合。

④ 蓝印花布服装与民间刺绣服装奠定了中国民间服饰艺术的基本格调。

九、辽代的服饰文化艺术

辽人衣服种类比较齐全，最常见的如长袍、短袄、内衣、裙、裤等。秋冬天寒，他们多穿皮毛；春夏转暖则改用布帛。为区别于汉服，辽代帝后、臣僚所着之服又称国服，主要有六类：一是祭服。不同规模的祭祀，服饰不一。大祀皇帝着白绫袍。小祀皇帝着红克丝龟纹袍。二是朝服。契丹皇帝着络缝红袍或锦袍，契丹臣僚穿紫窄袍。三是公服。皇帝着紫窄袍或红袄，臣僚着紫衣。四是常服。臣僚着绿花窄袍。五是田猎服。皇帝摆甲戎装，臣僚亦穿戎

图 2-12　金翅鸟

装，衣皆左衽，墨绿色。六是吊服。皇帝穿素服，白色；契丹臣僚多穿皂袍。又如民服，男子的上衣多为圆领窄袖左衽长袍，衣长过膝。女子服饰上身外衣一般为直领（立领）左衽长袍，又称团衫，前拂地，后长而曳地尺余，双垂红黄带。

十、金代的服饰文化艺术

女真女子喜穿遍绣全枝花的黑紫色六裥褴裙，褴裙就是《大金国志》中所说用铁条圈架为衬，使裙摆扩张蓬起的裙子。其比欧洲文艺复兴的裙撑要早近 200 年。女真女子上衣喜穿黑紫、皂色、绀色直领左衽的团衫，前长拂地，后长拖地尺余，腰束红绿色带。金代服装的装饰图案喜用禽兽，尤喜用鹿。官服的款式为窄袖、盘领、缝掖（即腋下不缝合），前后襟连接处作褶裥而不缺胯，胸臆（膺）肩袖上饰以金绣。

十一、元代的服饰文化艺术

（一）元代的服饰文化背景

元代从成吉思汗 1206 年建国，至 1368 年灭亡，共 162 年。元代是蒙古族入关统治中原的时代，所以元朝的服饰也比较特别。蒙古族属游牧民族，服饰受经济、文化落后的影响而简朴实用。汉族的服饰，也因政权的频繁更迭而发生了许多变化。刚统一中国时，元朝没有完整的服饰制度，服制混乱。延祐元年，统治者参考蒙、汉服制，对官员和民众的服装做了统一规定。汉官的服装样式以唐式的圆领衣和幞头为主；蒙古族官员则头戴四方瓦楞帽，身穿合领衣。

（二）元代男子服饰特点

元代官员穿的衣服叫质孙服，是上衣连下裳的款式，整体看就像偏短的长袍，比较

紧、比较窄，在腰部加襞积，肩背间贯以大珠，冠帽、衣、靴一般为同色。这种衣服很方便骑射。男子平时燕居时，主要穿下摆宽大且有密裥的圆领窄袖袍，腰部通过缝制辫线，或者成排钉上纽扣制成宽围腰，俗称"辫线袄子"，也有叫"腰线袄子"的。蒙古人发式特别，均剃"婆焦"，把额上的头发弄成一小绺，其他的头发就编成两条辫子，再绕成两个大环垂在耳朵后面，首服是冬帽夏笠。

（三）元代女子服饰特点

元代蒙古族妇女穿的长袍和靴子与男子基本相同。但已婚妇女的头饰和其他装饰以及服饰面料、色彩、花纹等与男子有一定区别。元代的贵族妇女，常戴着一顶高高长长、看起来很奇怪的帽子。她们穿的袍子宽大而且长，走起路来很不方便，常常要两个婢女在后面帮她们拉着袍角。一般的平民妇女多是穿黑色的袍子。

元代服饰文化的主要特点概括如下：

① 元代的服饰既推行其本族制度，又承袭汉制。

② 统治者重视毛纺织业，毛织物比前代进步且更加精致。

③ 棕褐色是社会各阶层衣物的通用色。

④ 服饰纹样基本承袭两宋，少数受西域图案影响。

十二、明代的服饰文化艺术

（一）明代的服饰文化背景

明朝取代元朝后，其国力强盛与物质丰富的程度都是中国历史长河中少有的。朱元璋为了恢复汉族的礼仪，制定了以周汉、唐宋为准则的新服饰制度，以袍衫为主要服饰，同时对官员用服进行了严格、规范的划分。官员以补服为常服，头戴乌纱帽，身穿圆领衫。所谓补服，是指在袍衫前有一块方形刺绣图案的官服（见图2-13），文官图为飞禽，武官图为猛兽，且各分九等。明朝用袍衫颜色和图案来区分官阶品位。明代男子平常穿的圆领袍衫则凭衣服长短和袖子大小区分身份，长、大者为尊。

明代是资本主义萌芽时期，纺织业发展迅速，提花织布等纺织技术大幅提高。明代中叶，苏州已经是"郡城之东，皆习机业"。各种棉布、丝绸等面料产量和质量双双提升，对服装材料、质地、图案、色彩的发展起到了至关重要的作用。

图2-13　文官补服

（二）明代男子服饰特点

明代男子以儒雅的文人装扮为荣，穿衣多用袍衫，大襟右衽，衣袖宽大，下长过膝，戴网巾、四方平定巾、儒巾等，服饰承袭前代较多，无论是襴衫、直身、罩甲，还是裤褶、曳撒等，仅在款式的长短、面料的色泽上有变化。

（三）明代女子服饰特点

明代妇女喜修长、秀美，扣身衫是明代女性的时髦款，其他还有对襟袍、背子、比甲或襦裙等，衣物面料华美，色彩图案讲究。明代妇女衣服的基本样式一般为右衽。下层妇女的穿着用料一般是紫花粗布，粗布中不能使用金绣。此类妇女因需劳作而装束简单朴实，袍衫只能用紫色、绿色等间色，正黄色、鸭青与大红色禁用。

另外明代最具有现代风情的一种妇女服饰叫水田衣，它在唐代就已经出现了，但明代一改唐的做法，将整幅面料无规则分割后缝合在一起，或将碎料缝合，组成一种别具风味的衣服。20 世纪六七十年代盛行于英美的波普风拼接时装就与它有许多相似之处。

（四）明代女子发式特点

明代女子发式由唐代的高耸发髻改为平实一点的发髻，承袭宋元较多，也有使用假髻的。一般发式的样式多向脑后重坠。中间空出部分头发多挽成一团，顶在脑后。明代发饰多种多样，发冠发钗都制作精美（见图 2-14、图 2-15），耳环耳坠名目众多。

明代服饰文化的主要特点概括如下：

① 表明官员品级的补子为明朝官服制度最有特点的方形仪饰，含有深刻的文化意义。

② 新型纺织花样和织物的纹样（含吉祥纹样）丰富多彩，纺织印染面料华美异常。

③ 棉花的生产和织造已超过丝、麻，棉成为服装的主要原料。

④ 明代服饰用前襟的纽扣代替了几千年来的带结，成为一种体现时代进步的变革。

图 2-14　明代发冠

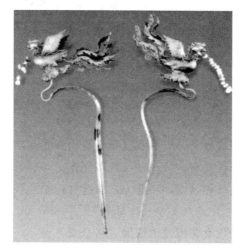

图 2-15　明代发簪

十三、清朝的服饰文化艺术

（一）清朝的服饰文化背景

清政府接受明朝遗臣金之俊提出的"十从，十不从"建议，即男从女不从、出从死不

从、阳从阴不从、官从隶不从、老从少不从、儒从而释道不从、娼从而优伶不从、仕宦从
而婚姻不从、国号从官号不从、役税从文字言语不从，由此在清王朝，妇女、儒、奴隶、
僧道、优伶、婚姻、丧者都还可以着汉服。满汉服饰共存是清朝服饰的主要特点。

（二）清朝男子服饰特点

清朝男子服饰主要有长袍、马褂、裤子。长袍与明朝不相同，是主要的常服。一般百
姓穿不开衩长袍，名一里圆，袖口敞开，如当礼服使用，要另装马蹄袖、对襟、圆领，衣
袖都较窄。还有一种开衩长袍是贵族使用的，皇族宗亲穿的长袍加开前、后共四衩。官员
的官服是前后加上补子的长袍，高级官员冬季还有专门穿在朝袍、吉服袍等袍服外的一种
圆领、对襟翻毛外褂，称端罩。行褂，也叫马褂，是一种穿在长袍外的上衣，一般长不过
腰，袖长至袖肘（如同现今六分袖），袖口平直、短衣短袖，便于骑马。马褂有三种造型，
对襟马褂，一般作礼服；大襟马褂，一般为常服；马褂（见图2-16），一般为行装。马褂
领、袖多有绲边，面料常为绸缎或毛皮。马褂中还有一种作为皇家御赐之用——黄马褂。

图2-16　马褂

清代男子一般都系有腰带，而腰带也有十分严格的等级划分，腰带上都挂有装饰物，
起先都挂皮囊，后仿效汉族多制作荷包、香囊、搭、扇等小挂件。清代男子一般都头戴瓜
皮帽，或称秋帽，一般为六片缝合，是明代六合一统帽的延续。

（三）清朝女子服饰特点

清代女装因政治原因"男从女不从"，可以分为满族、汉族两种女装。满族女子装为
旗装，分旗头、旗袍、高底鞋。褂、马甲与男子相似，但装饰更多。汉族女子装则保留明
代服饰基本模式，上为衫，较长大，下为长裙，裙妩媚多姿，衣襟、领、袖下摆多绲边，
颜色多样。后因为爱美之心，满族女子在旗袍中加入汉族元素，而当清朝被推翻后，旗袍
却成为汉族女子的至爱。

清代头饰花样繁多，一般有钿子、簪、钗、鬓花、金约、步摇等，其他还有领饰、首

饰、荷包香囊、指甲套等。清代女装服饰如图 2 - 17 所示。

图 2 - 17　清代女装服饰

清代服饰文化的主要特点概括如下：

① 清代服饰满汉共存，庞杂而繁缛，服制禁例多。

② 清代染织业官办民营结合，江南三织造闻名海内外。

第二节　国外服饰文化发展史

外国服饰是现代服饰的重要组成部分，现在许多流行现象，包括人们的审美，以及着装方式和常识，大多来自国外服饰文化。外国服饰史，主要指古埃及、古西亚、古希腊、古罗马等时期服饰起源，以及中世纪及近代西方服饰的风格潮流与精神。

一、古埃及的服饰文化艺术

埃及是世界四大文明古国之一。埃及就像是一个蒙着面纱的少女，给人一种神秘虚幻的感觉，而说起埃及，人们的第一反应也许就是狮身人面像和金字塔。其实，除了这些美丽壮观的景色，埃及服饰也独具风格。

按照服饰文化发展历程可把埃及服饰分为古埃及服饰和现代埃及服饰，两种风格各有千秋，现代埃及服饰除了保留有古埃及服饰的部分特点外，更多的具有时尚的现代元素。

古埃及服饰的最主要面料是亚麻织物，不管是国王、僧侣，还是奴隶，所穿衣服的面料都是亚麻。到了埃及王朝后期，出现过羊毛制品，但是上层阶级的人是不穿羊毛制衣的，只有底层阶级才穿。除了亚麻，优质毛皮也是古埃及服饰的面料之一，这种衣物象征着身份和地位，僧侣穿的比较多。直到公元前 1 世纪，丝绸和棉布通过丝绸之路传进埃及，埃及服饰的面料才开始趋于多样化。

古埃及服饰在颜色搭配方面十分讲究。古埃及人通常用白色衣服与浅色衣物相配，显得十分优雅大方，但在衣服的边缘和装饰品上面大胆使用各种鲜艳的颜色，让人目不暇接。古埃及的服饰纹样复杂精美，通常采用印花和刺绣的方法做出对称和反复的纹样，表达了古埃及浓重的宗教色彩。纹样的种类主要有抽象的几何图案、动物或者植物的形状以及具有特殊象征意义的图案，譬如太阳和双翼。

男子服饰与女子服饰的分类与形态基本相同，但是女子服饰的颜色和纹样更加富有多样性。

从中王朝时期开始，埃及服饰的衣料和样式都发生了一系列变化，尤其是女性服饰，分无袖和有袖两种，长度不变，在胸下系一根丝带，与此同时能遮住肘部的披肩开始风靡。到了新王国时期纱丽成了

图 2-18　古埃及服饰

埃及服饰最主要的特点。此种衣物由长布条制成，穿着方式十分随意，新王国时期的女性很喜欢这种服饰，它不但穿着方便，更重要的是象征着文明与进步。新王国时期女性服饰的另一个特点是在衣服上开叉，并且在衣物上搭配贵重精致的饰品，将妇女打扮得更加迷人漂亮。

现在的埃及，已经成了一个现代化国家。古埃及服饰元素在现代服饰中有广泛的应用，如利用褶皱与拼接使造型简单的服饰充满立体感与层次感。从古王朝到中王朝，到新王朝，再到现代社会，埃及服饰文化的发展变化也见证了埃及的成长与改革。

二、美索不达米亚的服饰文化艺术

美索不达米亚，即今伊拉克地区，是中东文明的发祥地，诞生了著名的两河文明。美索不达米亚的文化是鼓噪、热烈、响彻的，但也是短暂的。古代西亚的美索不达米亚服饰的主要衣料为羊毛织物，而西亚地区因集中了多民族及其文化，服饰形态十分多样，比较有代表性的是苏美尔人的服饰。苏美尔人主要穿着一种有流苏的羊毛长裙——卡乌纳科斯（见图 2-19），一般中下层男子穿卡乌纳科斯时只是在裙摆处加入流苏，而上层人士穿着卡乌纳科斯时则整个衣料表面全部加入流苏。

古巴比伦王朝是在苏美尔人后建立起来的，古巴比伦王朝服饰面料为棉及亚麻，但贵族及帝王还是以羊毛为主。古巴比伦王朝服饰是以缠绕为其艺术展示的，一般分为两种：第一种是螺旋状卷衣，第二种是呈袈裟状的披挂式斗篷。妇女服饰也基本遵循这一模式，

只是女子比男子遮蔽得更加严实。亚述人在公元前 729 年吞并了古巴比伦王国。伴随亚述文明的兴起，美索不达米亚服饰再次发生变化。亚述人服饰风格是重刺绣与流苏，主要款式是直线裁剪的丘尼克，质地为羊毛质地，有厚重感，长度至膝盖或脚踝。下摆流苏也是亚述人服饰的一大特点（见图 2-20）。

　　总体来说，代表美索不达米亚服饰文化与风格的是苏美尔人的流苏裙、古巴比伦的缠绕艺术以及亚述的刺绣和流苏。

　　　图 2-19　苏美尔人的卡乌纳科斯

　　　图 2-20　亚述人服饰

三、古波斯的服饰文化艺术

　　波斯王朝空前繁荣，建立了一个横跨欧亚非的波斯帝国，领地广大，各民族文化融合在一起，所以古波斯服饰文化是一种兼容型的服饰文化。它吸收继承了古巴比伦、亚述服饰的宽松披挂方式，同时放弃了古巴比伦的缠绕方式而采用亚述人的直筒紧身式（见图 2-21）。波斯服饰面料也基本沿用亚麻、毛织物等材料，但通过古丝绸之路，也引入了中国的丝绸、印度的棉布。装饰纹样基本承袭了亚述的图案化和程式化特点。

　　波斯服饰文化的另一特点是等级制度分明，平民穿红色服饰，上层穿蓝色，装饰白、银色的服饰。波斯女子的服饰，上衣紧身，下身的裙子为喇叭状，下摆有流苏，也着紧口喇叭裤。波斯人喜欢黄金制的项链、耳环、手镯等首饰，女性一般披面纱。

四、古希腊的服饰文化艺术

　　古希腊是欧洲文明的摇篮，其服饰崇尚人与服饰的完美结合，以体现人体自然美为宗旨。古希腊服饰采用披挂、缠裹或系扎固定式，以优美、典雅为目标，崇尚女性柔美。希腊服饰是一块布的艺术，通过人体披挂与缠裹方式进行穿着，形成优美的重褶。这是最本质、最自然的状态，这种以人为本的服饰哲学古典而先进。古希腊服饰面料大多采用毛织物，其次为亚麻织物。白色为其主要的流行色，搭配红蓝、黄、紫色的图案，图案纹饰包括各种植物、动物的图形，还有几何图形。古希腊服饰里没有等级观念，服饰崇尚简洁、质朴、自然飘逸，是人与衣服结合的典范（见图2-22）。

图2-21 古波斯服饰

图2-22 古希腊服饰

五、古罗马的服饰文化艺术

古罗马发祥于狭长的意大利半岛，气候温和，适于畜牧。公元前1世纪，古罗马建立了横跨亚非欧三大洲的罗马帝国。古罗马人服饰受古希腊和伊特克斯人影响，因为畜牧业发达，古罗马服饰面料一般都有羊毛织物，同时也有亚麻和深受贵族喜爱的来自中国的丝绸。

古罗马十分崇拜紫色，但与古希腊相同，以白色和乳白色为主。古罗马人常穿的一种服饰叫丘尼卡，呈筒形长裙，但相对宽松，在腰部系扎腰带，长度男性在膝盖上下、女性及踝。男服常用羊毛织物，女服常用亚麻布。还有一种服饰叫作托加（见图2-23），是古罗马服饰中最有代表性的衣服。这是因为它是世界上最大的衣服，同时古罗马法律规定只有男公民才能穿着。托加在颜色上有十分严格的等级划分。

图2-23 古罗马服饰——托加

古罗马女子服饰有些与男子共用，主要有斯托拉和帕拉两种形式。斯托拉是一种已婚妇女穿的衣服，一般用毛织物制作，无袖、肩窄。其穿在亚麻做的丘尼卡的外面，特点是衣长直达地面。贵族妇女穿下摆有绲边装饰的斯托拉。

古罗马帝国的强盛，也带来了服饰的非凡气质，豪华富丽、庄严。其源于古希腊却又别具风格，是古罗马帝国的辉煌气质的代表。

六、拜占庭的服饰文化艺术

东罗马帝国建都拜占庭，名君士坦丁堡，历史上称为拜占庭帝国。拜占庭帝国的文化集古罗马文化、近代文化（东方文化）和新兴的基督教文化于一体，对同时期及后世的西欧文明影响很大。

拜占庭初期的服饰基本上沿用古罗马帝国末期的服饰样式，但随着基督教文化的普及，其服饰逐渐失去了古罗马服饰的朴素和单纯，失去了古代多莱帕里那种流动的、自然悬垂的衣褶之美，造型变得呆板、僵硬，颜色变得绚丽、华美，流苏、绲边及宝石装饰非常普遍，表现的重点转移到衣料的质地、颜色和表面装饰上，给人一种强烈的否定人的存在的绝对宗教性感受。拜占庭时期服饰面料刺绣及装饰运用广泛且绚烂亮眼，这是因为造型的呆板只有通过面料与装饰进行弥补。到了拜占庭后期，人们身上的长衫变得合身，袖子、袖口也变窄，袖口上还有扣子，有华丽的刺绣，在袖口、下摆都绣有繁复的花纹。珠光宝气、绚丽多彩的服饰品是独特的拜占庭文化的重要组成部分。

喜欢绚丽颜色的拜占庭人在宝石领域发挥了卓越的才能。圣维塔列教堂的壁画中，盛装的狄奥多拉皇后在王冠、耳环、项链、饰针、衣下摆的刺绣及鞋上都装饰着各种宝石。拜占庭人黄金的加工技术也很高，最具有拜占庭特色的是其发达的珐琅技术。总之，拜占庭时期的服饰集古希腊、古罗马的大气和东方的精致华丽于一体，又受于基督教的庄严影响而别具一格（见图 2-24）。

图 2-24　拜占庭服饰

七、哥特式时期的服饰文化艺术

中世纪时期最具代表的是哥特式风格。哥特式服饰在其出现之初，性别区分不明显，以宽敞的筒形为主，后出现立体裁剪，由过去的二维空间构成向三维空间构成方向发展，并由此确立了近代三维空间，构成了窄衣的基础型，也就是从这时起，西方服饰和东方服饰在构成形式和构成思维上彻底走上两条路。

哥特式风格服饰总是夹着新奇、怪诞和大胆。其面料上绣着代表身份的微记。男子上衣下裤，头戴罩帽披肩，身后则垂吊帽尖。衣服前系扣或前系带，衣长至膝盖，腰部常系有金属或镶宝石的腰带。下裤是紧身的连裤长筒袜，而最奇特的是两条裤腿颜色不一，其他部位颜色也较杂乱。女子则穿连衣裙，上身撒胸，贴体，前襟锁扣，长垂袖，下身是宽大的喇叭形长裙，拖拽在地面。面料上也杂乱无章地绣着各种图案，强烈、怪异。整体而言，哥特式时期服饰有浓郁的时代文化背景，承继了教堂的建筑特点——高耸的尖顶，运用到服饰上就变成高高的尖顶帽和长长的尖头鞋（见图 2 - 25）。

图 2 - 25　哥特式时期服饰

八、文艺复兴时期的服饰文化艺术

在经过黑暗、压抑的中世纪后，意大利进行了一场伟大的文化变革——文艺复兴。此时期文化艺术空前繁荣，达·芬奇关于比例和对称的审美观成为美学上的主流思想。

文艺复兴时期思想解放、个性张扬，人们对服饰与美妙的身体产生了浓厚的兴趣。人体曲线成为服饰的审美关键。男式服饰造型为上厚下轻（见图 2 - 26）。女式则恰好相反，重心下移，上身收身细腰，下裙被夸大，使整个身体像铜钟（见图 2 - 27）。因审美需求，大家都穿上紧身衣，以至女子时有因呼吸困难而晕倒的。文艺复兴时期，男式服饰总体呈饱满方正的箱形，女式服饰则呈曲线曼妙的钟形。这种时装风格加上东方丝绸、折扇，以及精巧的服饰配件，构成了文艺复兴时期服饰文化的主旋律。

九、巴洛克时期的服饰文化艺术

17世纪的欧洲巴洛克服饰是服饰史上男装最艳丽、最疯狂的。此时期男子视美如命，他们追逐一切刺激的颜色与饰物。优雅男子常头戴夸张的假发，佩戴华丽的领饰，如各种花边大翻领，同时脖子处都围起丝巾。这一时期服饰已舍弃了文艺复兴时期的款式，全然进入阴柔的世界。男式衬衣衣料华美，宽松，在腰间和袖上系上缎带，扎出紧密的褶皱更显妩媚。男衬裤也与衬衣一样用丝绸、丝带系结，脚口饰有花边。男式外衣华丽无比，花边、丝带是常用的装饰。此时期最具代表的人物是路易十四，他十分讲究时尚、优雅（见图2-28）。巴洛克时期服饰的装饰除去花边与丝带，最常见的还有密集的纽扣（材质为金银或宝石），宽大的袖口和翻褶边可以露出衬衣花边。丝带、花边、金银纽扣都是为了华美而存在。

巴洛克时期女子服饰仍然讲究曲线、垫臀，配合紧身上衣，以呈现出丰胸翘臀的女子形象。衣服领口大开，露出肩和胸，袖筒宽松肥大，仿佛衣服随时会从肩头滑落，滑肩大泡袖使她们更多了几分妩媚与风韵。女子下穿三条裙子，常将外裙衩口的两对襟用扣子或丝带系住，像窗帘一样挽在两侧，更显雍容华贵（见图2-29）。巴洛克时期女子服饰也大量运用炫目花边，纷繁堆积，与男子服饰共同演绎服饰繁荣、奢侈的文化。

图2-26　文艺复兴时期男式服饰

图2-27　文艺复兴时期女式服饰

图 2-28　路易十四的服饰　　　　　图 2-29　巴洛克时期女子服饰

十、洛可可时期的服饰文化艺术

洛可可一词源于法文，是"岩石"和"贝壳"的复合词。18世纪，随着西欧各国的发展，资本主义势力逐渐增强。在艺术方面，法国仍然是西欧的中心，法国路易王朝渐渐失去活力，而新兴的资产阶级逐渐发展成为一种取代旧贵族的社会势力，"沙龙"就是在这一时期形成的。"沙龙"中的人们只追求现世的幸福和感观官能的享乐，这使人们感觉异常敏锐和高雅，形成了不同于巴洛克庄重豪华、拘泥虚礼的宫廷文化的形态。当时中国清朝的陶瓷、丝绸、漆器、折扇以东方情调的精致、柔婉、纤巧、雅丽深深地撼动着法国人，他们为之着迷。洛可可风格的服饰是将女人推到繁华极致的盛装。如果说巴洛克时期是属于男人的时代，那么洛可可时期则是属于女人的时代。

洛可可时期男装基本继承了巴洛克时期的形式，只是将繁复装饰去掉，渐渐吸收英国绅士风格，变得相对简洁、严谨和实用。男子外套一般收腰、下摆衩开，呈波浪形，衣服摆加入马尾衬，一般无领或小立领，前门襟有一排扣子，主要用于装饰，一般只扣两三个。密集的排扣镶金嵌玉，尽显奢华。穿在里面的衬衫，领饰变小了，袖管也不再那么宽，基本不用丝带扎出褶裥，只是在袖口及门襟处作装饰，袖口开衩。

男子外套与衬衫中间穿一种衣长只到腰部的夹衣，就是今天西服马甲的典型款式。男子服饰大抵如此，并逐渐稳定，特别是三件式穿法是现代西服三件套的基本形式。

洛可可时期女子服饰的艺术风格，强调温润柔艳、装饰琳琅，将浮华装饰于女子的服饰上。形式上上身紧，下身撑开。因为造型像驮篮，所以称驮篮裙撑，由侧面看前胸高高托起，后臀垫起，塑造出S形。在装饰上，早期洛可可女装清新自然，并没有太多装饰。到18世纪以后，其越来越崇尚装饰，凸显繁华。领口宽大，腹前系着装饰性浅色丝质围裙，缀满花边、缎带，衣料上丝光浮华，一切都是为了体现玲珑、奇巧、烦冗的艺术美。洛可可时期的服饰义化造就了一种奢华、妩媚的美（见图 2-30）。

　　法国发生大革命之后，浮华靡丽的洛可可风格也随革命巨浪沉入历史的长河之中。

图 2-30　洛可可时期的服饰

第三节　现代服饰文化发展

一、20 世纪 60 年代的服饰

　　20 世纪 60 年代中期，国内男女服饰归于一统，女装趋向男性化，军便服大行其道，黄军装、黄军帽、红袖章、黄挎包成了"时装"，不爱红装爱武装被女性奉为圭臬、视为理想追求，许多狂热的青年最向往的就是拥有一套绿军装。单调的单色，统一的款式，服饰时尚不再体现个性，而仅仅是流行，有解放装、青年装、中山装、对襟衫。

（一）军装

在蓝灰绿（蓝色解放装、灰色中山装、绿色军装）的无彩色服装时代，服饰是趋于统一的朴素款式，不分男女，不分职业。军装尤其在青年学生中盛行。谁都想拥有一套，没有全套，半身也行；没有新的，旧的也不错。男生穿，女学生们也把长辫子剪成短发，梳成两个"小刷子"，戴上军帽，穿上军装。当年的结婚礼服都是绿军装，可见当时人们对军装的痴迷程度。

（二）雷锋帽

学习雷锋好榜样，忠于革命忠于党，爱憎分明不忘本，立场坚定斗志强。雷锋可以说是 20 世纪 60 年代人的偶像，榜样的力量是无穷的，理所当然地影响着当年的时尚，所以人们十分喜好雷锋帽。

图 2 - 31　军装

图 2 - 32　雷锋帽

（三）解放鞋

20 世纪 60 年代初，随着中国橡胶工业的起步，中国人民解放军从穿布鞋转变为穿解放鞋。解放鞋也就成为我军的主力鞋，在部队作战、训练、生产劳动和日常生活中发挥了重要的作用。由于解放鞋采用纯棉材料制作鞋面、鞋里，不结实，战士们经常是"一年穿破五六双解放鞋"。解放鞋透气性差，容易滋生细菌，常常散发出难闻的气味。有的战士甚至因脚气

图 2 - 33　解放鞋

感染，影响了训练。但是凡是过来人无不在内心深处有过一段军鞋情结，有过一段崇拜英雄、迷恋军人的青翠梦想。

（四）海魂衫

20 世纪 60 年代中期，走到大街上放眼一望，年轻人和孩子们几乎都穿海魂衫。海魂衫是各国水兵们贴身的衣着，为白蓝相间的条纹衫，寓意为浩瀚的大海与蓝天，水兵们穿海魂衫就显得精神抖擞。电影《海魂》，赵丹主演，其着装就是海魂衫。一袭醒目的海魂衫由近而远，渐渐消失在阳光灿烂的十字街头，让人印象深刻。

图 2-34 海魂衫

（五）毛主席像章

中华人民共和国成立后的 1950 年，上海出现了一枚 22K 金质毛主席像章，是由老凤祥银楼制作的。1966 年开始从北京到全国各地，群众纷纷自发地大量制作毛主席像章，几乎人人胸前都佩戴毛主席像章。

（六）军挎包

20 世纪 60 年代的军挎包几乎人手一个，上面印有"为人民服务"字样，成为现在电影中一个不可或缺的怀旧道具，甚至是一种时尚的标签。而那个时代的军挎包却无一例外地装载着同样的青春、激情和梦想，它们是那么的相似，以至于每个人口中说出的豪言壮语都那么雷同。那些背着军挎包活跃在广阔天地的知青有着稚嫩却充满活力的身影。

图 2-35 军挎包

二、20 世纪 70 年代的服饰

20 世纪 70 年，朋克风的盛行使青年人继续成为时尚消费的主流。牛仔裤、热裤、喇叭裤等不同风格的服饰并存。

进入 20 世纪 70 年代，设计师在社会时尚方面的主导作用逐渐减弱，服饰出现了许多新的变化。"适合自己的就是最好的"成为指导着装打扮的至理名言。与此同时，受街头时装影响和反流行服饰的冲击，高级服饰业的发展日益艰难，在此情况下，兴起于 20 世纪 60 年代的成衣业开始蓬勃发展，在服饰业的地位越来越重要。

图 2-36　20 世纪 70 年代的服饰 1　　　　图 2-37　20 世纪 70 年代的服饰 2

图 2-38　20 世纪 70 年代的服饰 3

20 世纪 70 年代服饰的样式繁多，无论是超短裙、半长裙、过膝裙、长裙，还是热裤、牛仔裤，都成为时髦的主流。还有袋鼠裤、喇叭裤、风衣的各种组合穿法也是普遍风格。

20 世纪 70 年代中期以前，我国女子服饰保持着 20 世纪 60 年代的状况，随后渐渐由"红装裹身"的尚武风尚向中性化过渡。女子基本上是穿两用衫、军便装。华美的旗袍仅仅用于外贸出口，除此以外，就是成为爱好收藏人士的压箱底藏品。这一时期的女子服饰处于发展停滞阶段。款式单一、色调沉闷是其特点。1976 年，小脚裤、花衬衫开始流行，单色的服饰受到了新潮服饰的冲击。

（一）知青工作装

那个年代的知青的青春和热血都奉献在了荒芜的土地上。物资的匮乏使他们不得不放弃对服饰美的追求，款式单一、色调沉闷是其工作装的特点。

（二）小白鞋

小白鞋是白帆布运动鞋的别称。小白鞋是一种白色帆布鞋面、橡胶鞋底的球鞋。因为是帆布材料，所以其透气性比较好。由于是纯白色好搭配，小白鞋在 20 世纪 70 年代至 90 年代极为流行，是进行各种活动的首选球鞋。

（三）假领子

假领子是一种没有袖子、只有上半截的衬衫，为的就是在穿上外衣时在颈部露出领子。其不是谁家的巧手媳妇自己动手裁剪出来的，当时的服饰店货架上随处可见，比今天的领带还要普遍。

图 2-39　小白鞋

图 2-40　假领子

（四）的确良衬衫

的确良是化纤纺织品，主要用于制作衬衫。其因比棉布及府绸更为轻薄，曾一度被写作"的确凉"。

流行时尚其实是人们创造出来的，在这历史变革之际，体现时代风尚的服饰，尤其会表现出多变的情态。思想开放的女孩子脱去了颜色暗淡的外衣，穿着色彩鲜艳的编织毛衣，留住美丽。人们在用行动呼唤服饰的变革，呼唤服饰春天的到来。

图 2-41　的确良

三、20 世纪 80 年代的服饰

随着对外开放的推进，时尚率先与国际接轨，人们早已厌倦了单一色调，自然而然地

接受并追求新款服饰。一时间，蝙蝠衫（见图2-42）、棒针衫（见图2-43）、滑雪衫纷纷登场，成了服饰的亮点。多样性、多元化是这一阶段女子服饰的特点。

图2-42　蝙蝠衫

图2-43　棒针衫

20世纪80年代初期，服饰流行与变化速度相对缓慢，到了20世纪80年代中后期，市场机制臻于成熟，服饰流行速度加快。这时候女性服饰开始向时尚化转变，除去女性化的、浪漫娇美的风格，还流行含有成熟因素在内的设计风格，造型和装饰突出艺术性和时代风貌，强调合体。服装材料日趋丰富，款式更接近人们的需要，人们开始享受时装美。

1982年夏天，具有简洁外轮廓、门襟一开到底、钉有大扣子的布裙悄悄流行，随后又出现了黑色紧身踩脚裤，以及露脐短衫。运动休闲是20世纪80年代产生的概念，一时间出现了外穿运动装的时尚。宽松、舒适、健康的特点使运动装不再是竞技场上的"专利"，它们成为健康养生、陶冶情操、调剂生活的一种服饰，进入了寻常百姓家。登山旅游、上班、走亲访友，随处都能见到运动装的身影。

20世纪80年代初，喇叭裤是一种"所向披靡"的时尚。牛仔裤也在中国年轻一代中流行，至今不衰。当年的当红影星张瑜就曾穿着牛仔裤给《大众电影》杂志拍封面照片。

20世纪80年代，《街上流行红裙子》大受追捧。银幕上的红裙子，是中国女性从单一刻板的服装样式中解放出来，开始追求符合女性自身特点的服装色彩和样式的标志性道具，一个多样化、多色彩的女性服装时代正式到来。色彩鲜艳的裙子成为大街小巷的女性追求时尚的标志。

美国电视连续剧《大西洋底来的人》是最早在中国官方电视台公映的西方影视作品之一，剧中半人半神的主角给中国服饰带来的副产品有两样：一是大得有些夸张、造型有些奇特以及贴着商标的蛤蟆镜，另一个是裤管大得出奇、臀部包得很紧的喇叭裤。

山口百惠主演的电视连续剧《血疑》在中国热播，女主角大岛幸子身上的学生装成为青年女性最为青睐的热门服饰款式，当时《幸子衫裁减法》《幸子衫编织法》等书热销一时。那时候人们穿的毛衣基本上都是自己家人亲手编织的。

崔健和中国摇滚乐崛起，包括服装、发型在内的摇滚青年范流行。《新长征路上的摇滚》尤其有名。美国电影《霹雳舞》上映后，太空步开始席卷内地，是当时最酷的舞步。模仿他们，年轻人烫爆炸头。有些人在大街上跳舞，引得观者如云，堵塞交通。美国电影《霹雳舞》引进中国，这种最初被认为"流里流气"的舞蹈，却在一段时间内成了最流行、最酷的舞蹈形式。

不久，中国自己也出了一个"现代霹雳舞王"陶金。陶金携新舞蹈上了春晚以后，霹雳舞在全国掀起一阵热潮。那时候，模仿手臂折断、机器人、木偶和月球漫步的动作风靡一时，其被追捧的程度不亚于今天的街舞。

受世界上崇尚健美的影响，我国掀起了运动服热。曾经风靡一时的蓝色白条纹运动衫（见图2-44）和回力鞋（见图2-45）开始流行。回力是中国最早的时尚胶底鞋品牌。相比解放鞋而言，它简洁鲜明的设计在同质化的时代显得卓尔不凡。到20世纪80年代时，拥有一双回力鞋在青少年中已经是潮人的标志。

早在20世纪二三十年代，西装被海外学子带回。1983年胡耀邦带头穿西装，不久全国掀起西装热。有次，中国领导接见外宾时身穿中山装，立即引起国际舆论的注意，国际上猜测中国改革开放之门是否将要关闭。之后，政治局常委集体穿西装出现在记者面前——中国领导人的服饰语言似乎就是一篇改革开放的宣言，在国内外产生了巨大的政治影响。

图2-44 蓝色白条纹运动衫

图2-45 回力鞋

四、20世纪90年代的服饰

讲究品位、突出个性的风尚将服饰带入了20世纪90年代。开放带来交流，交流促进发展，舶来的服饰发布会、流行色发布会不断告诉人们流行服饰与流行色的信息。巴黎时装、米兰服饰、美国牛仔装，举凡有一国服饰流行新潮，很快就会在我国大都市汇融，并演绎成中国的都市时尚。女装呈现出前所未有的多样化情调和主题（见图2-46）。

图2-46 20世纪90年代女装

上班族女性，因为自身的学识与工作特性，经常穿着挺直的套装。职业套装代表着成熟气质、高雅风度，款式简洁，很合乎职业女性的身份。她们一方面用色彩雅致的直线条职业装来装扮自己，使自己显得干练与精神；另一方面用性感的内衣来衬托她们的女人味。整个服饰业传递着积极而温情个性的信息。

20世纪90年代，式样变化多端又能显出身材的时尚连衣裙，穿着简单，加上一根束带，具有了浓浓淑女味。白色腰带配浅紫色连衣裙，或者黑色腰带配银灰色裙，单色之间的搭配体现出了高贵品位。由20世纪60年代流行的翻领衬衫发展而来的翻领连衣裙，以性感、新奇的样式赢得女性的欢迎。

长期生活在都市的人们，面对忙忙碌碌的工作，渴望回归自然，借此解放压抑的情绪、轻松一下，此时，舒适的休闲服帮助人们摆脱了穿着的拘谨与束缚。

到了20世纪90年代后期，时装就花样翻新地抖出各种卖点：闪亮、斜肩、花卉以及荷叶边。当时的时尚女装中，软软垂下的荷叶边几乎无处不在，似乎成了女人心爱之物。那些穿着荷叶边衣服的女子，好像平添了一分温柔、一分妩媚。1993—1994年夏季流行贝贝裙，无领无袖，腰节线以下有一圈细密的折裥，腰带束于身后。

最有民族性的就是最有个性的。经历了十多年外来服饰的冲击，20世纪末人们再度回眸注视中华民族的传统服饰：蓝印花布重新披在窈窕女性身上，尽显东方迷人风采；旗袍加入了镂空领型的设计，将现代服饰工艺与传统风格融合，端庄不失妩媚，令人惊艳不已。印有传统吉祥图案面料做的中式服装也在都市中流行起来，在色彩上中式服饰追求对比鲜明的效果，色相中的大红大紫、明黄色调皆可搭配，因此与西式服饰比较起来更醒目、抢眼。

到了20世纪90年代后期，国内服饰全面开放。展示身体曲线、露出性感特征、尽显魅力是时尚女子努力追求的目标。与此同时，给身体多一份关心、多一份体贴、多一份柔媚的内衣时尚渐渐为国人认识。内衣时尚开始超越原有的概念，不再仅仅属于闺房，内衣外穿成为一种时尚。夏日里，骄阳下，镂空服，宛如凝脂的肌肤，千般柔媚，万种风情，传递了多少含蓄的性感！年轻的女性争相着吊带衫，一是因为它凉快，二是为了展示自己的窈窕身材与青春靓丽，这种装束实际上也反映了现代年轻人已经由传统的内敛型性格向外向型性格发展。

在新千年到来的时候，承载着丰厚的民族传统和民族内涵的红色以其喜庆吉祥的色调赢得了人们的青睐，红色的服饰纷纷登场亮相，穿红挂红成了都市服饰的一个时尚潮流，时尚人士惊呼都市掀起了"红色风暴"。这时期服饰采用高科技纺织面料，内层以纯棉高支高密纺织物为贴服物，是服饰的挺括支撑。罗麻布、牛奶丝、微生化复合材料被应用到织物中，使服饰具有了保暖、抗菌、保健的功能。又有以合金材料为骨架的内衣问世，主要起定型支撑的作用。此外，正红、亮黑、荧光色等愉悦色彩纷纷出笼，令服饰色彩更加丰富，变化多端。20世纪90年代服饰显现出轻松愉快的气息，这是社会稳定、生活安定的充分体现。

20世纪90年代服饰的宽肩膀与厚垫肩（见图2-47），可以说是与国际接轨的产物。国际上20世纪80年代的宽肩传入中国，流行到90年代中期，时隔多年后重回2020年的

T 台。

20 世纪 90 年代的帽子也一改往日面貌，不再是老红军帽与鸭舌帽。男士礼帽开始传入，红色导演帽扣在时髦女性的钢丝头上。牛仔帽、网球帽、贝雷帽（见图 2-48）、水手帽、钟形帽、太阳帽、棒球帽五彩缤纷。编织的毛线帽也风行过一段时间。

1995 年，喜爱日本卡通的青年一代开始喜欢充分展示上身线条的紧身 T 恤，也开始把裙子改短，迷你风吹遍都市大地。

20 世纪 90 年代中期，HOT 组合席卷全亚洲。韩风一夜吹起，满大街都是穿着掉裆的阔裤子、染着金发耍酷的年轻人。韩风一直持续到 20 世纪 90 年代末。

随着乐坛上说唱风盛行，嘻哈热浪席卷时尚界。嘻哈流行有一个重要的原因就是对品牌没什么要求，对于经济能力较弱的青少年来说，花不多的钱就可以拥有鲜明的个人风格装扮。

图 2-47　宽肩膀与厚垫肩

图 2-48　帽子

20 世纪 90 年代后期在中国年轻人眼里可以说是 NIKE 的黄金期。当时受经济条件所限，一双鞋 700～1000 元的价格基本是父母一个月的工资，大部分学生偶尔看到班里谁穿了双 NIKE 都会眼红。如果穿一双 AIR 出现在球场上，绝对能吸引所有人的目光。

五、21 世纪的服饰

进入 21 世纪，人们穿衣打扮讲求个性和多变，很难用一种款式或色彩来概括时尚潮。缤纷绚烂的主题除了为服饰制造出明亮热情的气氛外，更营造出了一种意境，也创造出了视觉爆炸的效果。这个时期，中国的民族风逐渐影响到全球，国际品牌时装陆续进驻中国市场，中国人开始认识范思哲、路易威登、迪奥。互联网的发展使人们在获取各类时尚资讯时变得畅通无阻，中国人的穿着不再似从前那般有"特色"了，中国服饰真真正正地融入了并影响着国际化的时尚浪潮。

《花样年华》掀起旗袍热。王家卫于新世纪元年拍摄了《花样年华》这部旧上海风格的爱情影片，主演张曼玉在片中展示了数十款旗袍（见图2-49），造型性感、优雅，它们不仅成为导演表现20世纪30年代十里洋场的符号，还将旗袍这种典型的中国化服装集中地呈现在全世界面前。旗袍热卷土重来，甚至波及世界很多地方，使旗袍一直热到了第二年的春、夏、秋三季。

旗袍是中国一种富有民族风情的妇女服饰，由满族妇女的长袍演变而来。由于满族称为旗人，故将其称之为旗袍。旗袍与中国女人结合，创造出如此美丽的风景，也造就了中国时尚里最不可不说的一个话题。

手工制造热潮掀起：北非风情、印度民俗、中东袍服、摩洛哥风味、印第安图案、中国的龙凤绣花。2002年，所有带有手工色彩以及民族风情的元素一拥而上。

对于很多现代女性来说，最尴尬的事也许并不是穿了一件不得体的衣服，而是发现居然有人穿了一件跟自己一模一样的

图2-49　穿旗袍的张曼玉

衣服，这叫撞衫，是现代女性最不能容忍的。如果说20世纪90年代中国女性对于服饰的追求要通过品牌穿出品位和档次，那么在21世纪的最初几年，中国女性对于服饰最高的诉求就是穿出个性——最好是独一无二，一部分有条件的高端女性开始向世界著名品牌商定做衣服。

21世纪初，与夸张喇叭裤正相反的锥子裤和小脚裤开始走红，这或可反映中国人内敛自省的态度，催化了人本身追求朴素平和精神生活的需求。

女人喜欢高跟鞋的性感迷人，但是穿久了高跟鞋的双脚是很痛苦的，尤其是20世纪90年代大热的松糕鞋更是威胁脚踝健康的大敌。21世纪初，平底鞋、芭蕾鞋成为当时的大热，时尚的同时也解决了笨重鞋子带来的健康问题。

时尚趋势的实用和贴心，体现出对女性的人文关怀，也从另一方面说明，消费仅仅是时尚的一部分，对于时尚而言最关键的品位需要的是对于自身修养的培育和深化。

2008年，一大批被称作经典国货的物品悄悄地流行起来。从网络到街头，很多人开始重新青睐起梅花牌运动衫、海鸥相机、乐凯胶卷、凤凰自行车、回力胶鞋、飞跃胶鞋、蜂花洗发精、小白兔儿童牙膏等物品。这股国货热更是悄然潜入娱乐圈，包括王菲、刘嘉玲、春晓、耿乐在内的众多明星纷纷"国货上身"，诠释着属于自己的"年代记忆"。一时间，经典国货成了新鲜时尚的载体。

21世纪获取时尚信息的渠道不断增多，也使得一篇报道引领中国街头潮流的事件很

难再发生，期刊、影视作品的影响力渐弱。而随着中国对外文化交流的不断深入，中国的服装元素引领国际风尚变成了当下新热点。21 世纪的国际 T 台，许多设计师运用了中国元素来设计衣服，中国五千年的文化瑰宝创造了许多流行趋势——香奈儿黑白两色经典，熊猫也是黑白的；哥特风格神秘，黄瓦红墙辉煌；波普艺术夸张亮眼，丹青泼墨气质不同凡响。

中国女性追求美的道路似乎格外曲折漫长。然而一旦观念解放，她们的追求是快速、果决而又大胆的。短短二十余年，她们不仅追上了国际潮流，还以迷人的东方元素引领着国际潮流。沧海桑田，令人感慨，美是无法阻挡的。

世界有不同国家，中国有不同民族；不同国家有不同的文化，中国不同民族有不同的特色——挖掘每个民族的特色，时尚民族化，向世界展现非一般的中国时尚，是中国设计师的使命之一。

第三章 服饰美学研究

第一节 服饰造型美研究

一、服饰造型美的定义

服饰的造型美狭义是指服饰的款式、细节、风格所展现的形式美感；广义是指人的形体、气质、修养与服饰款式、风格之间经过深度融合、相互映衬，所树立起来的良好服饰形象。

服饰造型美是服饰搭配和人体装饰的基本出发点。独特的服饰款式风格，不但表现人体美、烘托气质与风度，还折射出当下的生活方式与时代潮流。

二、服饰造型美的构成要素

服饰造型美由三个方面决定：服装款式造型中的外轮廓、内部造型布局及服装造型中的局部与细节。

（一）服装款式造型中的外轮廓

服装的外轮廓是由服饰的外形周边线显现出来的服饰整体外形形象。服装的外形不仅决定服装的造型风格、反映时代风尚，还是服饰搭配诸多因素中展现人体美的主要因素，尤其是通过对肩、腰、臀等主要人体部位的夸张和强调，能够塑造出理想的人体外形。

国际 T 台服装的常见外轮廓（含组合线型）有二十余种，分别为：合体线型、自然线型、直线线型、矩形线型、宽松线型、宽大线型、公主线型、吊钟（沙漏）线型、丹度尔线型、上贴下散线型、A 型（三角形）、梯形型、T 型、X 型、Y 型、O 型、灯笼型、帐篷型、喇叭线型、短盒线型等。

① 合体线型与自然线型。合体线型是一种忠实于体型原有特征的外轮廓，它通过结构工艺设计、面料特性等手段达到显示人体曲线美的目的。一般常用于女装，体现出女性的性感、妩媚、柔美和优雅（见图 3-1）。自然线型是在忠实于体型原有特征的基础上，将腰部加放少量余量的外轮廓。相较于合体线型，自然线型可以遮挡微微凸起的腹部，适用的人群更广（见图 3-2）。

图 3-1　合体线型服装　　　　　　　图 3-2　自然线型服装

② 直线线型与矩形线型。直线线型指侧缝线贴着臀部直腰而上的服饰外形（见图 3-3）。矩形线型的围度加放量比直线线型要稍大些，适合做常规外套的廓形（见图 3-4）。这两种廓形肩、腰、臀、下摆的宽度无明显差别，整体造型如筒形，廓形简洁、明快，具有中性化风格，可掩饰偏胖或偏瘦的体型。

图 3-3　直线线型服装　　　　　　　图 3-4　矩形线型服装

③ 宽松线型与宽大线型。宽松线型围度加放量比矩形线型又要稍大些（见图 3-5）；宽大线型围度加放量则比宽松线型还要大（见图 3-6）。这两种线型给人的感觉有足够的余量，适合过胖或过瘦的人穿。

图 3-5　宽松线型服装　　　　　　　图 3-6　宽大线型服装

关于造型设计中的"度"——仔细察看上述直线线型、矩形线型、宽松线型、宽大线型四种廓形的服装，视觉观感有明显的加放度差异。这里的加放度体现在服装造型中就是结构技术层面的数据，也就是服装裁片的具体加放量。技术与艺术的结合揭示了服装造型中款式与结构的一体两面。

④ 公主线型。此类造型有明显的贯穿胸、腰、臀的分割线或省道结构处理。这些结构处理使此类服装廓形的胸、腰、臀都得到一定的塑形，但又不如合体线型紧贴身体，既能展现女性的魅力，又能改变原有形体的不足，是欧洲上层追捧的服装造型之一（见图 3-7）。

⑤ 吊钟（沙漏）线型。吊钟线型因形似吊钟而得名，其特点是腰部以上合体，腰线处突然膨隆，形成吊钟样式（见图 3-8）。

⑥ 丹度尔线型和上贴下散线型。丹度尔线型是欧洲的传统经典线型，其特点是腰部以上合体，腰部以下至脚底整体膨隆（见图 3-9）。上贴下散线型是臀高线以上合体、臀高线以下自然扩张的线型（见图 3-10）。

⑦ A 形（三角形）与梯形型。上部收紧，下部宽松，呈现上小下大的外轮廓形。A 形的外轮廓线从直线变成斜线，增加了长度，从而达到高度上的夸张、华丽、飘逸的效果（见图 3-11）。梯形型与 A 形相似，不同之处是上部有褶裥，收紧程度不如 A 型（见图 3-12）。

图 3 - 7　公主线型服装

图 3 - 8　吊钟线型服装

图 3-9 丹度尔线型服装

图 3-10 上贴下散型服装

图 3-11 A 型服装

图 3-12 梯形型服装

⑧ T 型。专指 T 恤衫、圆领衫、马球针织衫（见图 3-13）。

⑨ X 型与 Y 型。X 型强调肩部加宽、收腰、下摆扩张打开，常用于风衣、大衣等（见图 3-14）。Y 型强调上宽下窄，通过夸张肩部收紧下摆的廓形，体现洒脱、威武、奔

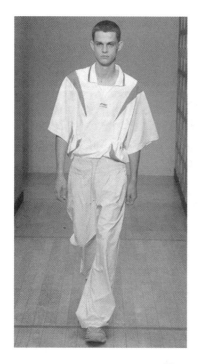

图 3 - 13　T 型服装

放的服饰风格。它能够突出男性人体特征，因此常用于男装的设计，也适合女装的职业化
造型（见图 3 - 15）。

图 3 - 14　X 型服装　　　　　　　　　　图 3 - 15　Y 型服装

⑩ O 型与灯笼型。O 型也叫椭圆线型，这一廓形的重点在腰部，通过腰部的宽松、肩部的强调弯度及下摆的收紧等手段，使躯干部位的外轮廓呈不同弯度的弧线（见图 3 - 16）。灯笼型以形似灯笼命名，两端束口，中间鼓胀，整体风格圆润可爱（见图 3 - 17）。

图 3 - 16 O 型服装　　　　　　　　图 3 - 17 灯笼型服装

⑪ 帐篷型。帐篷型的特点是以肩为支点、手与躯干被覆盖在一起、无袖隆的廓形，外观看为上端小、下端大（见图 3 - 18）。

图 3 - 18 帐篷型服装

⑫ 喇叭线型与短盒线型。喇叭线型是指上端呈圆柱状、下端呈圆台状的组合线型（见图3-19）。短盒线型是指短而宽的侧缝为直线的上衣与直线型的裙装或裤装组合的线型（见图3-20）。

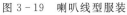

图3-19 喇叭线型服装　　　　　图3-20 短盒线型服装

除上述服装造型的外轮廓分类之外，服装的廓形还可以按以下形式分类。

① 挂覆式。以肩为支点，把服饰材料披挂于人身上的形式，如披肩、斗篷、坎肩等类型的服饰形式（见图3-21）。

图3-21 挂覆式服装

② 缠裹式。用布围绕人的身体进行缠裹所形成的服饰，具有较强的立体塑形感，如印度的纱丽裙等（见图3-22）。

图 3-22 缠裹式服装

③ 垂曳式。垂曳式是指上下连在一起的全身衣长长地垂下的袍状形式，具有优雅、飘逸的特征（见图3-23）。

图 3-23 垂曳式服装

④ 贯头式。贯头式又称套头式、钻头式，是用两块布合起来，肩部固定，或用一块布在中间挖洞，头可以从中间伸出来。如现代生活中的套头衫（见图3—24）。

图3-24　贯头式服装

⑤ 体型式。体型式是指根据人体形态结构特征，由上装和下装组合而成的服饰类型。它是符合现代社会生活特点的成衣种类，可以分为上衣和裤装、上衣和裙装两种类型（见图3-25）。

图3-25　体型式服装

（二）服装造型中的内部造型布局

服装的内部造型布局即是服装内部结构造型。它体现在服装的各个拼接部位，构成服装的各种结构，使服装各部件有机组合，从而形成服装的整体美。

服装的内部造型结构是由不同功能的线条组合而成的，包括服饰分割线（剪辑线）、装饰线、褶裥线等。在服装的造型上，如果内部线条设计巧妙、布局合理、恰到好处，服饰整体美会得到更全面的表现，并且使穿着者的体型比例显得更加完美。

① 省道线。省道是在服装内部造型布局中根据人体结构起伏变化需要，围绕着人体的凸出部位，将多余的布料裁剪或缝褶起来而形成的，以制作出适合人体形态、显示人体曲线的服饰。省道根据其形成的位置分为胸省、腰省、臀位省、后背省、腹凸省等（见图3－26）。

② 分割线（剪辑线）。服装的分割线又称剪辑线，是指体现在服装的各个拼接部位、构成服装整体的线（见图3－27）。分割线所处部位、形态、数量的改变能引起款式局部变化，因此与人体的形体特征有着密切的关系。分割线主要有两种形式：直线分割与曲线分割。女式服饰上多采用曲线形的分割，如公主线造型，显示出女性活泼、秀丽、苗条的韵味；而刚健、豪放的竖直线、水平线是男式服饰主要采用的分割线，突出阳刚之美。

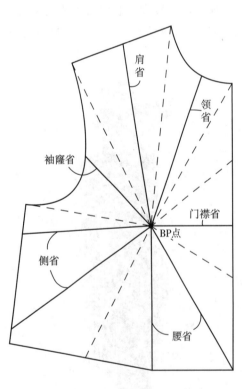

图 3－26　省道线

图 3－27　分割线

③ 褶裥。褶裥是将布料折叠缝制成多种形态的线条，外观富有立体感，给人以自然、飘逸的印象（见图3-28）。褶裥的设计不仅能增加服饰的放松度，适应人体活动的需要，而且能增加服装的装饰感，起到美化人体的作用。褶裥可以用于不同种类、不同年龄层次的服装上。

图3-28　褶裥

（三）服装款式造型中的局部与细节

服装款式造型中的局部与细节是指具体的服装部位设计。

上装的局部与细节包括领型、袖型、肩型、门襟、胸型、背型；下装的局部与细节包括腰型、裤型与裙型。

① 领型。领子处于服饰的上部，是人的视觉中心。领子与人的面部最近，对于人的脸型具有修饰作用，同时具有平衡和协调整体形象的作用。根据领的结构特征，可以分为无领、立领、翻领、立翻领和翻驳领等基本类型。

无领是仅靠领线形成领部造型的，具有简洁、大方的特点，有利于展示颈部的美感，可以弥补脸型的缺点（见图3-29）。比如国字脸可以搭配圆领线、V字领线，不宜采用方形领线、一字领线等。

立领是一种领面围绕颈部立起的领型（见图3-30）。该领型造型别致，可以压向颈部而立，如具有严谨、端庄、典雅东方情趣的中国传统服饰旗袍的立领等；也可以平行于颈部而立；还可以离开颈部而立。

翻领是领面向外翻折的领型（见图3-31）。翻领的形式多样，变化丰富，既可分为无座翻领和连座翻领，又可以按领面大小分为小翻领和大翻领。

立翻领是由立领领座和翻领组合形成的领（见图3-32），中山装的领与男式衬衫领都是这种领的典型代表。

翻驳领又称西服领，是领面与驳头一起向外翻折的领型（见图3-33）。按领部形态又可分为平驳领、枪驳领、青果领等。翻驳领线条明快、流畅、挺括，在视觉上常起到阔胸、阔肩的作用，给人以大方、庄重的感觉。

图 3-29 无领服装   图 3-30 立领服装

图 3-31 翻领服装   图 3-32 立翻领服装   图 3-33 翻驳领服装

　　② 袖型。袖型的变化元素包括袖肩、袖长、袖身等。按袖肩的结构可以分为装袖、插肩袖、连身袖；按袖子的长度可以分为无袖、短袖、半袖、七分袖、长袖等；按袖身造型可以分为紧身袖、喇叭袖、灯笼袖、羊腿袖等。袖型变化不但对衣身造型效果起到影响，而且对人体的上肢起到美化与修饰的功能（见图 3-34）。

　　③ 肩型。上装肩部的造型是美化和修饰人体肩部的重要部位。肩型可以分为自然肩型、平宽一字肩型、落肩型和狭肩型等。

图 3 - 34　袖型的变化

自然肩型是一种忠实于人体肩部原有特征的造型风格，既不夸大也不缩减肩部的轮廓，显示出自然、轻松的特点（见图 3 - 35）。

平宽一字肩型运用放宽肩部尺寸、使用垫肩等工艺处理方法，使肩部呈现夸张平宽的效果，常用于职业装、男装，也可表现女装的男性化风格（见图 3 - 36）。

落肩型是将袖肩缝合处下移，在袖肩部位形成宽大、舒适、随意的效果，因此常用于休闲服饰和家居服饰（见图 3 - 37）。

狭肩型多用于女装，它的特点与落肩型相反，故意缩减人体肩部的实际尺寸，配以泡泡袖，呈现精致、可爱与古典的风格（见图 3 - 38）。

图 3 - 35　自然肩型　　　图 3 - 36　平宽一字肩型　　　图 3 - 37　落肩型　　　图 3 - 38　狭肩型

④ 门襟。门襟即上衣前中部位的开口，又称为服饰的门户，它不仅决定上衣的穿脱方式，而且是上装的重要装饰部位。门襟按其形态与结构可以分为单排扣或双排扣形式的叠门襟、左右衣片对合的对襟、门襟偏向一方的偏襟、前中部位有意造成空缺的开襟、中式服饰特有的大襟。门襟的形态和位置的选择与上装整体造型关系密切，既可以采用左右对称的形式，也可以采用不对称式，体现均衡美。

⑤ 胸型。胸部造型可以分为适中型、加强型和减弱型。

适中型又称自然型，是按照人体实际情况设计自然的胸部造型，既不加强，也不减弱。这种胸部造型自然得体，适于运动，适应面广。加强型又称聚胸型，在人体实际情况的基础上进行人为的加强处理，以此强调胸部的高度感和饱满感。加强型胸型常用于女装，突出胸部的曲线美感。减弱型又称散胸型，这种造型加大胸部的松量，造成宽松的效果，达到舒适和随意的穿着效果（见图 3 - 39）。

图 3 - 39　聚拢型、自然型、散胸型

⑥ 背型。背部造型是除胸型以外，能显示性别差异与人体特征的重要造型部位，可以分为普通背型与装饰背型。普通背型是不加修饰的背型设计。装饰背型则是通过分割、省道、镂空等多种装饰手段突出人体背部美的局部造型。

⑦ 腰型。腰型造型包括两个方面，对于上装来讲主要涉及腰部的松度，可以分为宽腰型、适中腰型与紧身腰型，用于不同种类的服饰，比如休闲服饰一般采用宽腰型，职业装则更加适合适中腰型。上装中如果腰节部位有分割，则腰位可以有三种选择，即高腰、中腰与低腰（见图 3 - 40），腰位高低呈现不同的人体比例。下装腰部造型包括高腰、中腰与低腰三种造型。

图 3 - 40　高腰、中腰、低腰

⑧ 裤型。裤装由于具备方便、舒适、适应现代生活方式的特点，已经成为人们生活中重要的服饰种类。裤型是人体下肢部位的重要服饰造型。裤装的造型由腰型、臀型、立裆、中裆、裤长、裤身来决定。近几年非常流行的裤型包括烟管裤、热裤、百慕大短裤、阔脚裤、七分裤等。

烟管裤是指有着纤细、贴身的裤管的裤子，也有窄管裤之称。烟管裤介于直筒裤跟靴型裤之间，剪裁超低腰，臀围紧贴，拉长双腿纤细曲线（见图3-41）。

热裤是一种长及大腿根、极短而贴身的裤型，是国际时装T台上最热的裤型之一。热裤款式大体可分为两种：一种犹如安全裤外穿版，长度约卡于臀腿的交界点，合身低腰；另一种则像超短裤的翻版，并带有卷边（见图3-42）。

百慕大短裤是一种长至膝上两三厘米的短裤，款式一般比较随意，最初为百慕大岛的男士配半筒袜穿，所以得此名，可以分为窄版与宽松两种廓形。材质可以有多种选择（见图3-43）。

七分裤和九分裤既不像全长裤那么死板，又不像短裤那样过于活跃；既符合了年轻女孩青春、活泼、可人的特点，又可以让四十多岁的女性穿着更显时尚、活力，适合所有年龄段的女人（见图3-44）。

阔脚裤具有短立裆、低腰节的特点。宽阔的裤身设计增加了两腿的修长与挺拔效果，加上紧包臀部的设计，整体呈现出惊人的合身和时髦感（见图3-45）。

哈伦裤有着伊斯兰风格特有的宽松感和悬垂感。臀部款型设计宽松，形成堆积的褶皱，裤腿收紧，一般为七分或九分束口。哈伦裤有着区别于其他裤型的文化背景和风格特征，近几年经过时尚品牌设计师的妙手，样式类别多种多样，但最受欢迎的莫过于帅气的窄脚哈伦裤（见图3-46）。

只要结合自身体型特点，恰当地选择这些裤型，都可以打造出属于自己的时尚外形。

⑨裙型。裙装是现代生活中女性特有的一种服饰种类，也是最能突出女性魅力的服饰，一年四季穿着体现出不同的韵味。裙装的外形风格由裙长与裙身决定。从长度上可以分为超短裙、短裙、中长裙、长裙、曳地长裙等几种。不同的长度适合不同的年龄层次与场合，如超短裙、短裙适合少女穿着，显示青春、阳光与时尚；长裙、曳地长裙则具有典雅、庄重的外观，因此适合出席隆重的场合穿着。裙身可以分为直身造型、喇叭造型、蚕茧造型、塔身造型、鱼尾造型、郁金香造型等，每一种裙型都可以塑造出不同的外观风格。

图3-41　烟管裤　　　　　图3-42　热裤　　　　　图3-43　百慕大短裤

图 3-44　七分裤　　　　　图 3-45　阔腿裤　　　　　图 3-46　哈伦裤

第二节　服饰色彩美研究

一、色彩的基础

色彩可分为无彩色和有彩色两大类。有彩色就是具备光谱上的某种或某些色相，统称为彩调，如红、黄、蓝等七彩色。与此相反，无彩色就是没有彩调，如黑、白、灰。

有彩色表现很复杂，具有三个属性：其一是色相，其二是明度，其三是纯度（彩度）。明度、纯度（彩度）确定色彩的状态。

（一）色相

色相即色彩的相貌，是色彩的主要特征。有彩色包含了红、黄、蓝等几个色族。最初的基本色相为红、橙、黄、绿、蓝、紫。在各色中间加插一个中间色，按光谱顺序为红、红橙、橙、橙黄、黄、黄绿、绿、绿蓝、蓝、蓝紫、紫、紫红。这些色可制出十二色基本色相环（见图 3-47）。

（二）纯度（彩度）

纯度即颜色的饱和度或彩度，它代表着自身的纯净程度。一种色相的彩度有强弱之分。彩度常用高低来描述，彩度越高，色越纯、越艳；彩度越低，色越涩、越浊。

（三）明度

明度即色彩的明暗深浅程度，亦称亮度，它可用高、中、低来表示。当一个高纯度的色相加白或黑，可以提高或减弱其明度。

每一种色彩都有三个属性，即色相、纯度、明度，这三属性相互依存、相互制约（见图 3-48）。

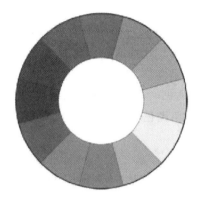 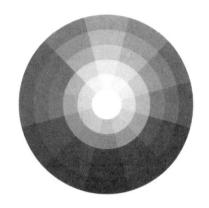

图 3 - 47　色相环　　　　　　　　　图 3 - 48　有明度变化的色环

二、色感

（一）色彩的冷、暖感

色彩本身并无冷暖的温度差别，但视觉色彩会引起人们对冷暖感觉的心理联想。

暖色——人们见到红、红橙、橙、橙黄、紫红等色后，马上联想到太阳、火焰、热血等物象，产生温暖、热烈、危险等感觉。

冷色——人们见到蓝、蓝紫、蓝绿等色后，则很容易联想到太空、冰雪、海洋等物象，产生寒冷、理智、平静等感觉。

色彩的冷暖感觉，不仅表现在固定的色相上，而且在比较中会显示其相对的倾向性。如同样表现天空的霞光，用玫红画早霞那种清新而偏冷的色彩，感觉很恰当，而描绘晚霞则需要暖感强的大红了。但如与橙色对比，前面两色又都加强了寒感倾向。

中性色——绿色和紫色是中性色。黄绿、蓝、绿蓝等色，使人联想到草、树等植物，产生青春、生命、和平等感觉。紫、蓝紫等色使人联想到花卉、水晶等稀贵物品，故易产生高贵、神秘的感觉。至于黄色，一般被认为是暖色，因为它使人联想起阳光、光明等，但也有人视它为中性色，当然，同属黄色相，柠檬黄显然偏冷，而中黄则感觉偏暖。

（二）色彩的轻、重感

这主要与色彩的明度有关。明度高的色彩使人联想到蓝天、白云、彩霞及许多花卉，还有棉花、羊毛等，产生轻柔、飘浮、上升、敏捷、灵活等感觉。明度低的色彩易使人联想到钢铁、大理石等物品，产生沉重、稳定、降落等感觉。

（三）色彩的软、硬感

这种感觉主要也来自色彩的明度，但与纯度亦有一定的关系。明度越高感觉越软，明度越低则感觉越硬，但白色反而硬感略高。明度高、纯度低的色彩有软感，中纯度的色彩也呈柔软感，因为它们易使人联想起骆驼、狐狸、猫、狗等好多动物的皮毛，还有毛呢、绒织物等。高纯度和低纯度的色彩都呈硬感，如它们明度也低则硬感更明显。色相与色彩的软、硬感几乎无关。

（四）色彩的前、后感

由于不同波长的色彩在人眼视网膜上的成像有前后，红、橙等光波长的色在内侧成像，感觉比较迫近，蓝、紫等光波短的色则在外侧成像，在同样距离内感觉就比较远。

实际上这是视错觉的一种现象，一般暖色、纯色、高明度色、强烈对比色、大面积色、集中色等有前进感觉；相反，冷色、浊色、低明度色、弱对比色、小面积色、分散色等有后退感觉。

（五）色彩的大、小感

由于色彩有前后的感觉，因而暖色、高明度色等有扩大、膨胀感，冷色、低明度色等有显小、收缩感。

色彩可以使物体看起来有大小之分，像红色、黄色、橙色这种暖色，可以使物体看起来比实际大，我们称之为膨胀色；像蓝色、蓝紫色这种冷色，可以使物体看起来比实际小，我们称之为收缩色。物体看上去的大小，不仅与其颜色有关，明度也是一个重要因素。明度高，物体看起来大；明度低，物体看起来小。

（六）色彩的华丽、质朴感

色彩的三要素对华丽及质朴感都有影响，其中纯度关系最大。明度高、纯度高、丰富、强对比的色彩感觉华丽、辉煌。明度低、纯度低、单纯、弱对比的色彩感觉质朴、古雅。但无论何种色彩，如果带上光泽，都能获得华丽的效果。

（七）色彩的活泼、庄重感

暖色、高纯度色、丰富多彩色、强对比色感觉跳跃、活泼有朝气，冷色、低纯度色、低明度色感觉庄重、严肃。

（八）色彩的兴奋、沉静感

其影响最明显的是色相，红、橙、黄等鲜艳而明亮的色彩给人以兴奋感，蓝、蓝绿、蓝紫等色使人感到沉着、平静。绿和紫为中性色，没有这种感觉。纯度的关系也很大，高纯度色给人兴奋感，低纯度色给人沉静感。

三、色彩的联想

（一）黑色

从理论上讲，黑色为无纯度之色，往往给人沉静、神秘、寂寞、恐怖、罪恶等消极印象。它同时有重量、神秘、庄严、不可征服之感。

在服饰搭配中，黑色的组合适应性极为广泛，任何色彩特别是鲜艳的纯色与其相配，都能取得赏心悦目的良好效果（见图 3-49）。用它去衬亮色，亮色显得更亮；用它去衬暗色，暗色显得更有层次；用它去衬艳色，艳色显得纯度更高；用它去衬复色，复色显得更沉着、成熟。

（二）白色

白色是由全部可见光混合而成，称为全色光，是阳光之色，是光明的象征色。白色给人的印象为神圣、纯洁、无私、朴素、平安、诚实、卫生、恬静等。白色使人联想起冰雪、白云等，感到寒凉、轻盈、单薄、爽快。

在服饰搭配中，白色常用作烘托色。在它的衬托下，其他色彩会显得更鲜丽、更明朗。白色洁净，一尘不染，它象征爱情的纯洁和坚贞（见图3-50）。由于白色能给人洁净感，所以它被广泛应用在医疗、服务与食品行业的着装中。

图3-49　黑色系服饰　　　　　　　图3-50　白色系服饰

（三）灰色

从光学上看，它居黑、白之间，属无彩色系。灰色是中性色，其突出的特征为柔和、细致、平稳、朴素、平淡、乏味、抑制。它不像黑色与白色那样会明显影响其他的色彩，因此作为背景色彩非常理想。

任何色彩都可以和灰色相混合，略有色相感的含灰色能给人以高雅、细腻、含蓄、稳重、精致、文明而有素养的高档感觉（见图3-51）。当然滥用灰色也易暴露其乏味、寂寞、忧郁、无激情、无兴趣的一面。

（四）红色

红色的波长最长，穿透力强，感知度高，给人活跃、兴奋、热情、积极、希望、忠诚、健康、充实、饱满、幸福等向上的倾向。它易使人联想起太阳、火焰、热血、花卉等。在服饰领域红色适合休闲装，以满足热情活动的特性。在中国，红色常被作为吉祥喜庆的结婚色彩。

红色色系包括粉红、玫红、桃红等，可以给人柔美、甜蜜、梦幻、愉快、幸福、温雅的感觉，几乎成为女性的专用色彩。深红及带紫的红给人的感觉是高贵、庄严而又热情，常见于欢迎贵宾的场合（见图3-52）。

图 3-51　灰色系服饰　　　　　　　　图 3-52　红色系服饰

（五）黄色

黄色是所有色相中明度最高的色彩，给人以智慧、忠诚、希望、喜悦、轻快、光辉、透明、活泼、辉煌、功名、健康等印象。

黄色中的米黄色、浅黄色等是很好的休闲自然色，常用在休闲服饰中（见图 3-53）。深黄色另有种高贵、浑厚、实惠感。

（六）蓝色

蓝色是典型的寒色，与红色、橙色相反，表示自信、沉静、冷淡、永恒、理智、高深、透明等含义。蓝色很容易使人联想到天空、海洋、湖泊、冰雪、严寒。

蓝色包括浅蓝、藏青、深蓝等色系。浅蓝色系服饰热情、单纯、明朗而富有青春朝气；深蓝色系沉着、冷静、稳定，为中年人普遍喜爱的色彩；藏青色系则给人以大度、庄重、沉默的印象（见图 3-54）。蓝色常被用于科技、电子行业的服饰中。

（七）绿色

绿色在可见光谱中波长居中，人眼对绿色光波的微差分辨能力最强，对绿色的反应最平静。绿光在各高纯度的色光中，是使眼睛最能得到休息的色光。

绿色有着深远、稳重、沉着、睿智、公平、自然、和平、幸福、理智、幼稚等含义。含灰的绿，如土绿、橄榄绿、墨绿等色彩，给人以成熟、老练、深沉的感觉，是人们广泛选用及军、警规定的服色（见图 3-55）。

（八）橙色

橙与红同属暖色，具有红与黄之间的色性，给人感觉富饶、充实、友爱、华丽、豪爽、辉煌、跃动、炽热、温情、甜蜜、愉快。它使人联想起火焰、灯光、霞光、水果等物象，是最温暖的色彩，但也有疑惑、嫉妒、伪诈等消极倾向性。

　　橙色因色阶较红色更亮，所以也被用为信号色、标志色和宣传色。橙色是服饰中常用的甜美色彩，也是众多消费者，特别是妇女、儿童、青年喜爱的服饰色彩（见图3-56）。

图3-53　黄色系服饰

图3-54　蓝色系服饰

图3-55　绿色系服饰

图3-56　橙色系服饰

（九）紫色

在可见光谱中，紫色光的波长最短，因此，眼睛对紫色光的知觉度最低，易感到疲劳。纯度最高的紫色同时是明度最低的色。

紫色具有神秘、权威、尊敬、优雅、高贵、优美、庄重、奢华的气质，有时也感孤寂消极。尤其是较暗或含深灰的紫，易给人以不祥、腐朽、死亡的印象。但含浅灰的红紫或蓝紫色，却有着深邃幽雅、神秘的时代感，为现代服饰所广泛采用（见图3-57）。

（十）光泽色

光泽色是指质地坚实、表层平滑、反光能力很强的物体色，主要指金、银、铜、铂、铝、塑料、有机玻璃及彩色玻璃等材料的色泽。金色象征荣华富贵；银色雅致高贵，象征纯洁，比金色温和。

色彩一经与它们并用，立刻显得富丽堂皇。小面积点缀，具有醒目、提神作用；大面积使用，则会产生过于眩目、负面的影响，显得浮华而失去稳重感。如若巧妙使用，装饰得当，不但能起到画龙点睛的作用，还可产生强烈的高科技的现代美感（见图3-58）。

图3-57　紫色系服饰　　　　　　图3-58　具有光泽色的服饰

四、不同色彩的搭配

（一）色调的分类

色调不是指颜色的性质，而是对物品整体颜色的评价。在多种颜色搭配中总体会有一种倾向，是偏冷、偏暖或偏红、偏蓝，这种颜色倾向就是色调。

① 色调根据不同的色相属性分为不同的色调，如红色调、黄色调、绿色调等。

② 根据色彩冷暖属性的不同，可以分为暖色调和冷色调、中性色调。如红、黄、橙及相近的色彩为暖色调，给人以温暖的感觉；青、蓝色是冷色调，给人以寒冷的感觉；

绿、紫色是中性色调。

③ 根据色彩的明暗程度，可分为浅色调、中明色调和暗色调。如米白、粉黄为浅色调，土黄、大红等为中明色调，藏蓝、深红为暗色调。

④ 根据色彩的鲜艳程度，可分为鲜调与浊调，同样是蓝色，纯蓝色调与深蓝色调给人感觉明显不同。

（二）色彩的配色原则

在整体服饰搭配中，要整体考虑色调的几种配色方法，才能使色彩发挥最大的美感作用（见图 3 - 59）。

① 在服饰的整体搭配中，色彩切忌种类过多，一般 3～5 种最为合适。

② 在几种色彩搭配中，选择一种主色调、一种辅助色调和一两种辅助点缀色调即可。

③ 在整体服饰色彩搭配中，要选择一种主要的冷或暖色调作为全身的主色调，几种色彩的冷暖要一致。

④ 在服饰色彩的层次上，也要注意选择合适的明暗色调。过于单一的明暗色调容易产生平面、呆板的感觉，通过不同面积和层次的明暗对比，可以让服饰产生丰富的变化空间。

五、色彩的配色方法

服饰色彩是服饰感观的第一印象，它有极强的吸引力，若想让其在着装上得到淋漓尽致的发挥，必须充分了解色彩的特性，学会色彩的配色方法。

（一）无彩色配色

所谓的无色彩配色指的就是黑色、灰色、白色三类色的配色，这种配色方法在日常生活中常见。无彩色的配色是 T 台永恒的流行色搭配。

（二）无彩色与有彩色配色

选择任何一个颜色与黑色、灰色、白色搭配称为无彩色与有彩色配色。高纯度色彩配黑色，纯度色彩显得更纯，对比更明显，如红色配黑色有强烈的视觉导引效果（见图 3 - 60）；高明度色彩配白色，色彩显得更加干净、轻盈。

（三）同种色搭配

这是一种最简便、最基本的配色方法。同种色是指一系列的色相相同或相近，由明度变化而产生的浓淡深浅不同的色调。同种色搭配可以取得端庄、沉静、稳重的效果，适用于气质优雅的成熟女性（见图 3 - 61）。但必须注意同种色搭配时，色与色之间的明度差异要适当，相差太小、太接近的色调容易混淆，缺乏层次感。同种色搭配时最好有深、中、浅三个层次变化，少于三个层次的搭配显得比较单调，而层次过多易产生烦琐、散漫的效果。

（四）有共同色相的色彩搭配

所谓有共同色相的色彩是指色环大约在 90 度以内的、有相似色相的颜色。如红与橙黄、橙红与黄绿、黄绿与绿、绿与青紫等都是。由于相似色拥有共同的颜色，色相不同而又近似，色调容易控制，易于形成低对比度的和谐统一美感（见图 3 - 62）。

（五）对比色的搭配

对比色指色环中处于 120 度的两个对比颜色，如红色与黄色、黄色与蓝色、蓝色与红色等。由于对比色没有共同的色相，在配色时要注意确定明度、纯度，并辅以面积大小的调和。

（六）互补色的搭配

互补色指色环中处于 180 度的两个互补颜色。这种配色要确定一种起主导作用的主色。主色应与整套服饰及基调相一致，主色在整套服饰中应占大面积或较重要的位置。辅色的选择也要符合服饰的整体基调，如红与绿、青与橙、紫与黄等。补色相配能形成鲜明的对比，有时会收到较好的效果（见图 3-63）。

图 3-59　整体色彩搭配　　　　　图 3-60　无彩色与有彩色配色

图 3-61　同种色搭配　　　图 3-62　相似色搭配　　　图 3-63　互补色搭配

六、服饰色彩的特点

服饰给人的首要印象是色彩。人们常根据配色的优劣来决定对服饰的取舍，来评价穿着者的文化艺术修养。所以服饰配色的好坏是影响衣着美的重要因素。服饰色彩搭配得当，可使人显得端庄优雅、风姿绰约；搭配不当，则使人显得不伦不类、俗不可耐。

要巧妙地利用服饰色彩神奇的魔力来得体地打扮自己，就要掌握服饰配色的基本技巧。"色不在多，和谐则美"，正确的配色方法应该是选择一两个系列的颜色，以此为主色调，占据服饰的大面积，其他少量的颜色为辅，作为对比、衬托或用来点缀装饰重点部位。

七、服饰色彩的个性选择

在日常生活中，我们经常看到有些人穿着的衣服本身虽然漂亮，但总给人一种不够美好的印象，这往往是因为服饰色彩选择不适合自己。正确选择服饰色彩才能扬长避短，穿出自我风采。在服饰色彩搭配中，要根据自己的肤色、气质、体型和性格等方面综合考虑。东方人的皮肤大都偏黄色，要把自己的肤色考虑到服饰的整体色彩搭配中去。

就大部分脸色偏黄的人来讲，绿色或灰色调的衣服，会使皮肤显得更黄，甚至会显出"病容"。蓝色或浅蓝色的服饰，能衬托出皮肤的洁白娇嫩；紫色和黄色是互补色，穿上紫色的服饰会让肤色更黄；浅淡的颜色适合黄种人，色彩的映衬作用能够使肤色看上去很健康；咖色系的服饰和肤色比较接近，不太适合亚洲人穿着。选择多个颜色搭配时，色彩要明快、浅淡，以暖色为主。

第三节　服饰材质美研究

一、服饰材质的分类

服饰材质包括很多种类，每一种材质都呈现不同的特性。

（一）根据来源分

① 天然纤维材质。天然纤维是指从自然界中的植物或动物身上获取，可直接用于纺织的纤维。常用的天然纤维包括棉、毛、丝、麻四大类，由天然纤维经过纺织加工形成的服饰材质属于天然纤维材质，它们就会具备天然纤维材质的所有优越性能，如全棉织物、全毛织物、全麻织物。

② 化学纤维材质。化学纤维是以天然或人工合成的高聚物为原料，经过特定的加工制成。根据原料来源和制造方法的不同又可以分为人造纤维织物和合成纤维织物，两者的性能和风格特征有较大区别。

③ 新型纺织纤维材质。新型纺织纤维材质是指利用高新技术改良后的天然纤维和化学纤维织物。如纳米纤维材料、新型再生蛋白质纤维材料、异性纤维材料。这些融合了更

高环保、健康需求的新型材质，开辟了科技、健康的穿着新理念。

④ 皮与皮革。动物的毛皮经过加工处理可以成为珍贵的服饰材料，通常有裘皮和皮革两类。裘皮又称毛皮，是动物毛皮经过鞣制加工的成品，经过加工处理成的光面皮板或绒面皮板称为皮革。裘皮和皮革按其来源可以分为天然和人造两种。

（二）根据成分分

① 纯纺织物。纯纺织物是指织物的经纬纱线均采用同一种纤维的纯纺纱线织成的织物，包括天然纤维纯纺织物、化学纤维纯纺织物。纯纺织物的性能主要由组成纤维的性能决定。

② 混纺织物。混纺织物是指织物的经纬纱线均采用两种或两种以上纤维的混纺纱线织成的织物。混纺织物具备了组成原料中各种纤维的优越性能。

③ 交织物。交织物是指织物中的经纱和纬纱采用了不同种纤维的纱线或同种纤维不同类型的纱线而织成的织物。交织物不仅具有不同纤维的优良性能，还具有经纬向各异的特点。

（三）根据组织结构分

① 机织物（梭织物）。机织物是由相互垂直配置的两个系统的纱线——经纱与纬纱，在织机上按照一定规律纵横交错织成的制品。机织物品种丰富，具有结构稳定、布面平整等优点。

② 针织物。由一根或一组纱线在针织机织针上弯曲形成线圈，并相互串套连接而成的制品。针织物具有良好的弹性、柔软性、保暖性、通透性和吸湿性，常用来制作内衣、紧身衣和运动服。

③ 非织造物。未经过传统的织造工艺，直接由短纤维或长丝铺置成网，或由纱线铺置成层，经机械或化学加工连缀而成的片状物。

④ 复合织物。复合织物是指将两种或两种以上的织物或其他材料上下复合，形成新的多层结构的服饰材料。

（四）根据风格分

① 棉型织物。棉型织物是指以棉纱纯纺或棉与棉型化纤混纺纱线织成的织物。棉型织物手感柔软，光泽柔和，外观朴实自然。棉型织物包括各类纯棉织物、涤棉等。

② 毛型织物。毛型织物是指以羊毛、兔毛等各种动物毛及毛型化纤为主要原料制成的织物，包括纯纺、混纺和交织品，俗称呢绒。毛型织物是众所周知的高档服饰面料，具有蓬松、丰厚、柔软、保暖的特点。

③ 长丝型织物。其是用天然长丝或化纤长丝纯纺或交织成的织物。织物具有明亮的光泽，手感柔软、光滑，悬垂性能好。

④ 麻型织物。其是采用天然麻纤维纯纺或仿麻原料织制的织物，具有硬挺、粗犷的风格。

（五）根据染色情况分

① 原色织物是未经任何印染加工而保持纤维原色的织物，如纯棉粗布、坯布等。其外观较粗糙，呈本白色。

② 素色织物是由本色织物经染色加工成单一颜色的织物。

③ 印花织物是经印花工艺加工而成的织物表面具有花纹图案、颜色在两种或两种以上的织物。

④ 色织织物是先将纱线全部或部分染色整理，然后按照组织与配色要求织成的织物。此类织物的图案、条纹立体感强。

（六）根据形态分

① 形态依存型材质。形态依存型材质多指柔软的纤维类织物，此类材质只有依附于人体，随着人体的起伏变化，结合服饰工艺技术才具有立体的形态和观感。

② 形态固定型材质。形态固定型材质本身就具备了某种形态，比如贝壳、木头、竹子、绳索等。这类材质在服饰中的应用多起到装饰与美化的作用。

二、常用的服饰材质

（一）棉织物

棉织物手感柔软、吸湿透气性好、穿着舒适，但弹性较差、易缩水、易霉变。它是服饰材料中使用广泛的一类织物，受到广大消费者的喜爱。主要种类包括斜纹布、卡其布、泡泡纱、灯芯绒、牛仔布、平布等。

（二）麻织物

麻织物的吸湿、透气性好于棉织物，散热性强，防紫外线效果好，穿着凉爽舒适，比较适合夏季穿用。缺点是手感粗硬，弹性差，易产生褶皱。麻织物的外观具有自然、粗犷之风，麻质服饰独具淳朴、野性之美。其主要品种包括纯麻细布、夏布等。

（三）毛织物

毛织物按其生产工艺可以分为精纺毛织物和粗纺毛织物。

精纺毛织物是由精纺毛纱织造而成，又称为精纺呢绒，属于高档服饰材质。其结构细密、呢面洁净、织纹清晰、手感滑糯、富有弹性，是高档时装、西服、大衣的主要材质。其主要品种有哔叽呢、啥味呢、华达呢、凡立丁、派力司、驼丝锦等。

粗纺毛织物是由粗纺毛纱织制的织物，又称粗纺毛呢。此类织物手感丰满、质地柔软、蓬松保暖。常见的品种包括麦尔登、海军呢、制服呢、法兰绒等。

（四）丝织物

丝织物自古以来就是高档服饰材质，外观绚丽多彩、光泽明亮、悬垂飘逸、柔软滑爽、高雅华丽，有"纤维皇后"的美誉。丝织物的品种多达十四大类，在服饰上常用的有电力纺、富春纺、塔夫绸、柞丝绸、素软缎、花软缎、织锦缎、乔其纱、金丝线等。

（五）人造纤维素织物

粘胶纤维织物、莫代尔纤维织物、天丝纤维织物、醋酯纤维织物等都属于人造纤维素织物。人造纤维素织物的性能接近于天然纤维织物，有以下优点：织物柔软、光滑；吸湿性、透气性好；穿着舒适，体肤触感好；染色性能优良，色泽鲜艳、色牢度好。

（六）人造蛋白质纤维织物

大豆纤维织物、牛奶纤维织物、玉米纤维织物等都属于人造蛋白质纤维织物。这类织物的性能类似天然动物纤维织物的性能，因此有人造羊毛、人造蚕丝之称。其特点是手感柔软、富有弹性、穿着舒适。

（七）涤纶织物

涤纶学名聚酯纤维。弹性、抗皱性能好，被誉为挺括不皱的纤维。涤纶织物耐磨性好，但易起毛起球。其吸湿透气性差，穿着有闷热感，容易产生静电，易吸附灰尘，不易发霉虫蛀，是化学纤维中用途最广、用量最大的一种。涤棉混纺、涤麻混纺、涤纶仿毛等品种在服饰中经常使用。

（八）锦纶织物

锦纶学名聚酰胺纤维，又称尼龙。锦纶织物吸湿性能差，穿着轻便，耐磨性最优。其强度弹性好，耐用性好，挺括保型，是羽绒服和登山服的首选材料。

（九）腈纶织物

腈纶学名聚丙烯腈纤维，具有"合成羊毛"之称。腈纶织物保暖性好，蓬松柔软，弹性好，色泽鲜艳，但吸湿性差，易起毛起球。常作为羊毛织物的替代品。

（十）维纶织物

维纶学名聚乙烯醇缩醛纤维。外观和手感与棉纤维相似，有"合成棉花"之称。维纶织物吸湿性好，弹性与棉接近，易褶皱，有优良的耐化学性。

（十一）氨纶织物

氨纶学名聚氨基甲酸酯纤维，也称弹性纤维。其具有高弹性、高伸长、高恢复性的特点，常与其他纤维混合使用，如莱卡棉等，增强了织物的弹性与舒适性。

三、服饰材质的综合风格

服饰材质的综合风格是指由材质的光感、色感、型感、质感、肌理等方面的因素综合表现出来的外在观感。每一种材质的外观各不相同，都具备各自独特的个性，是体现服饰美的重要因素。

（一）服饰材质的光感

材质的光感，是指材料表面的反射光所形成的视觉效果。材料的纤维原料、纱线的捻向、纱线的光洁度、织物印染后整理都会不同程度地影响材料的光泽度。光泽面料在光线的照耀下呈现出华丽、富贵、前卫、高贵之感，在款式上适合礼服、表演服、社交的时尚服饰。光泽感强的面料在视觉上会产生膨胀、扩张之感，因此适合体型匀称者。光泽感较强的材质包括丝缎类织物（锦缎、软缎等）、荧光涂层织物、金属亮片、金银丝提花织物、轧光织物、漆面皮革（见图3-64）。

光泽感较弱的材质有棉麻材质以及经过水洗、磨绒和拉毛的材质，具有朴素、稳重、淳厚、内敛之感。适宜一般的生活、休闲服饰。适合于各种体型穿着，但过于厚重而粗糙的纹理则会产生膨胀感，不宜胖人穿（如图3-65）。

（二）服饰材质的色感

色感是指由材料本身所具有的色彩或图案形成的外观效果。它受到原料的染色性能、染料、染整加工等方面的影响。

　　服饰的色彩是通过服饰材质体现出来的。材料的纤维染色性能和组织结构不同，对光的吸收和反射程度不同，给人的视觉感受也不同。如红色的热情与奔放、黄色的跃动与华美、绿色的青春与生命、蓝色的安静与希望、紫色的高贵与妩媚、黑色的庄重与神秘、白色的纯洁与单纯，都是通过具体的纤维织物表现出来的。色感给人以冷暖、明暗、轻重、收缩与扩张、远与近、和谐与冲突等感觉，对服饰的整体搭配效果起到重要作用（见图3－66）。

图3－64　光泽感材质服饰　　　　　　　图3－65　棉麻材质服饰

图3－66　服饰材质的色感

（三）服饰材质的型感

材质的型感是指由纱线结构、组织变化、后整理等多方面的因素所构造出的造型视觉效果，如悬垂性、飘逸感、塑形性等。型感特征对服饰外部形态与风格影响较大。

挺括平整、身骨较好的面料包括毛麻织物、各种化纤混纺织物、涂层面料及较厚的牛仔面料、条绒面料等，适宜制作套装、西服等款式。运用这类材质可以较好地修正体型。如体型较胖者，穿着此类材质制作的合身服饰，显得干练、利落；体瘦者穿用也可以起到增强体型饱满感的效果。

柔软悬垂的面料包括精纺呢绒、重磅真丝织物、各类丝绒、针织面料等。此类材质宜用于各种长裙、大衣、风衣、套装类女装，体现舒展、潇洒的风格，较好地表现人体曲线（如图3-67）。此种材质适合体型偏胖和匀称者，不适于瘦体型者。

有伸缩特点的面料包括含有莱卡纤维成分的织物、针织织物，常用于内衣、运动服、毛衣、裙装等。

（四）服饰材料的质感

服饰材料的质感是织物外观形象与手感质地的综合效果。质感包括织物手感的粗厚、细薄、滑糯等，也包括织物外观的细腻、粗犷、光滑。

薄而透明的面料包括沙罗、乔其纱、巴厘纱、透明雪纺纱、蕾丝织物等。这些面料精致、轻盈、朦胧，透露出迷人、神秘之感，具有很强的装饰性，常用于女装设计（见图3-68）。

粗厚蓬松的面料包括粗花呢、膨体大衣呢、花呢、绒毛感的大衣呢、裘皮面料，给人以蓬松、柔软、温暖、扩张之感。

图3-67　服饰材质的型感

表面光洁细腻的面料包括细特高密府绸、细特强捻薄花呢、超细纤维织物、精纺毛织物等，有高档、细密的风格，适合正式场合的服饰。

（五）服饰材料的肌理

所谓肌理，是指服饰材料表面的组织结构、形态和纹理。材质的肌理效果分为两类：一种是立体肌理，即材料表面凹凸起伏纹路或立体装饰呈现出的具有浮雕感的艺术效果；另一种是平面肌理，指材料表面的图案、花纹色彩不一或疏松紧密有别所产生的视觉效果。肌理使服饰材质具有层次丰富、立体感强的特点，更富有艺术表现力。不同的肌理效果对体型也会产生修饰作用。

肌理感强的面料有各种提花、花式纱线、轧绉、割绒、植绒、绣花、褶皱、衍缝织物（如图3-69）。

图3-68　透明面料服饰

图3-69　面料肌理

四、材料与服饰造型

（一）垂荡飘逸的服饰造型

柔软、适中且悬垂好的面料，如丝绒、重磅真丝、化纤仿真丝、精纺薄型毛呢等材质，最适合塑造线条柔顺、自然舒展、垂荡飘逸的服饰轮廓，大摆裙、长风衣等服饰在此类材质的映衬下显得动感十足。

（二）高贵华丽的服饰造型

柔软、光泽、轻薄的纱织物和绸缎及亮片类材质适合表现高雅华贵、亮丽性感的礼服，展示女性的优美曲线与性感妩媚。

（三）挺括平直的服饰造型

职业套装、西装、西裤、大衣、直筒裙等服饰类型具有挺括、平直、硬朗的服饰轮廓，因此质地平整细密、身骨较好的精纺毛料（花呢、华达呢、啥味呢）、化纤仿毛面料及粗纺呢绒（麦尔登、法兰绒、花呢）、皮革制品等是理想的材质。硬挺的服饰面料加上合体的服饰款式，对偏胖或过瘦的体型都很适合。

（四）紧身适体的服饰造型

紧身适体的服饰造型如裹裙、铅笔裤，与人体之间的放量几乎没有，为了使人体感到舒适自如，必须选择伸缩性和弹性极佳的材质，比如针织罗纹面料、弹力棉等。这类服饰造型能够如实反映体型体貌，因此对形体条件要求较高。

（五）宽松舒适的服饰造型

这类服饰造型常以休闲服饰为主。棉麻布面料质地坚韧、吸湿、透气，具有朴实简约的特点，适合打造宽松、舒适的服饰风格。

五、材质与体型的关系

材质是构成服饰的物质基础，在进行服饰选择与搭配时，材质选用是不容忽视的关键因素。人们在把握自身形体条件的基础上，运用各种服饰材质的特点与风格，找出人体与材质间的对应关系，最终达到利用材质塑造服饰形象、弥补形体缺陷的目的。

面料是人们的第二层肌肤，它与服饰造型一样有塑造身形的作用。不同的体型在选择服饰材质时要遵循和谐、顺应的原则。

（一）瘦削骨感体型与材质的关系

瘦削骨感体型身材扁平，骨骼清晰，关节部位突出，又称皮包骨式体型。这类体型在选择服饰材质时，春秋季节应选择挺括平整、身骨较好的面料，如毛麻织物、各种化纤混纺织物、涂层面料及较厚的牛仔面料、条绒面料、皮革材料等，以此增加体型的丰满感。在冬季，粗厚蓬松的毛呢面料是适宜的选择。瘦削骨感体型一定要避免穿着柔软悬垂材质的服饰，易暴露体型的不足之处，即使在夏季也应以棉、麻材质为主。如果一定要选择柔软飘逸的材质，也要注意在款式上采用褶皱丰富、层叠设计的样式。另外光泽感较强和肌理感强的材料也比较适合瘦削骨感体型。

（二）丰满圆润体型与材质的关系

丰满圆润的体型身材饱满、浑圆，又称肉包骨式体型。在材质选择上，此类体型最理想的种类是柔软悬垂的面料，如各种精纺呢绒、软缎、各类丝绒、针织面料等，穿着时有显瘦的效果。丰满圆润体型应避免粗厚蓬松和薄而透明以及光泽感较强的材质。

（三）匀称体型与材质的关系

匀称体型身材均匀、比例和谐，是一种理想的体型。在材质选择上范围比较广泛，光泽感的、挺括平整的、柔软悬垂的、有伸缩性的、比较厚重的材质都较适合。在选择材质时重点要注重材质之间的风格组合，以及与自身气质、肤色的搭配。

（四）特例体型与材质的关系

特例体型的特点体现在身材的某个部位不太理想，如下肢粗胖、胸部扁平、肩部下垂等。我们一方面可以以服饰款式与局部造型弥补身材的缺陷；另一方面可以利用材质进行分段打造，比如身体某个部位需要弱化的，就选用柔软悬垂的柔性材质，需要强调或加强的部位宜采用身骨挺括、平整的材质。

六、利用材质的花纹、图案与肌理塑造服饰形象

利用材质上花纹、图案的大小、疏密、形状与排列方式以及材质的肌理也可以达到修正体型的作用。

（一）丰满圆润体型的选择

丰满圆润体型适合选择密集度较高、小花朵图案的材质，竖条纹的图案也是不错的选择；应尽量避开大的花纹或醒目的几何图案，如横条纹、大方格等。如果为了收缩形体服饰色彩用了比较单一的深色系，可以考虑搭配上一个别致、醒目的服饰配件，从而为整个

造型添加活力（见图3-70）。

（二）瘦削骨感体型的选择

瘦削骨感体型需要通过选择图案与花型达到使身材看起来丰满的视觉效果，所以横条纹，或者色彩对比强烈的图案、花型、方格以及有立体装饰、肌理的面料都是适宜的选择（见图3-71）。

（三）"草莓"形体型的选择

对于上身比较瘦、下身比较胖的"草莓"形体型，上身选择穿花朵、圆点图案的服饰来扩大视觉体积，下身穿有视觉收缩作用的衣服，这样整个造型上下就平衡了，人也看起来苗条一些（见图3-72）。

（四）娇小体型的选择

娇小体型是指身高在155厘米以下比例匀称的体型。在服饰图案的选择上，要着力改变体态矮小，使身形得到纵向拉长，因此宜选用小型精致的单独纹样或竖向细条纹。小型精致的单独纹样适合在上装使用，竖条纹最好用于下装。

图3-70　丰满圆润体型服饰　　　图3-71　瘦削骨感体型服饰　　　图3-72　"草莓"形体型服饰

七、利用材质组合与搭配塑造服饰形象

（一）同质面料的组合

相同质地面料的组合，是指把质地、色彩、风格一致的服饰面料搭配在同一套服饰之中，构成和谐统一的视觉效果的组合方式。材料的各个方面都一致，很容易取得统一的服饰效果。但其欠缺也显而易见，即由于服饰与服饰之间、服饰与服饰品之间的共性过强，容易造成鲜明的个性缺乏的弊端。因而，相同面料的组合，一定要努力寻求在形态上、纹理上、表现形式上的变化和对比。否则，统一就容易单一和单调，就会缺乏生动感人的视觉效果。

（二）不同质地、不同风格的面料组合

把质地、厚薄、粗细、色彩、风格等方面具有一定差异的面料搭配在一套服饰之中，可构成多样统一的视觉效果。各种面料有各自的"性格表情"和效果，具有不同的质地和光泽。两种以上的面料并用，通过相互间的衬托、制约，能使彼此的质感更为突出。如有光泽与无光泽的对比、褶皱与光滑的对比、柔软与厚重的对比、细腻与粗糙的对比、透明与不透明的对比、弹性的对比等，使整体服饰效果更趋完美。

　　不同材料的组合由于材料的各个方面都存在一定的差别，因而就要努力寻求统一，要找到能够起到决定性的因素。也就是说，把不同的材料组合在一起，必须要让能起到主导作用的某一材料占有绝对大的面积，才能构成稳定的视觉效果；或者让质地接近或相同的材料在服饰的不同部位多次出现，使不同的材料之间呈现一种内在联系或是建立一种秩序，也能使服饰整体呈现和谐的效果（见图3-73）。

图 3-73　不同面料搭配

第四章　服饰搭配艺术

第一节　发饰（含帽）搭配艺术

服饰是一个全方位的概念，其含义包括服饰和服饰品。发饰，是服饰品当中的一种，是戴在头上的饰物，与其他部位的服饰品相比，装饰性最强。早在远古时代人类就开始使用发饰，而且都和装饰有关。据资料分析，中国汉字中的"美"字，事实上是指一个戴着发饰的人。其发饰也许是一个有两只角的羊头，也许是两根长长的翎毛，故有人说"美"字"像头上戴羽毛装饰物的舞人之形"。无论是在东方，还是在西方，发饰随着服饰一同走过了漫长的进化过程。可以说，世界上所有的民族都有戴发饰的历史，而且都以不同的形式流传到现在。各种帽饰、头花、发卡、耳环等都可根据不同的时间、场合、目的与服饰搭配。

一、发饰色彩在服饰搭配中的应用

发饰色彩通常与服饰色彩相互影响，产生一种对比或协调的效果，使服饰整体效果更趋完美、更显精致。

要使发饰色彩与服饰色调和谐，可采用同类色或邻近色，使发饰色彩与服饰中已有的部分色彩相呼应，产生统一整体的效果。例如，新娘所戴的头纱或头花都与婚纱本身色彩相一致，从而使婚纱整体看上去更柔美而典雅。这种色彩上和谐的装饰手法被运用在各色各样的服饰当中。如澳大利亚某些地区学生们的校服，从帽子到服饰全部采用中绿色。澳洲是一个移民国家，各种肤色与种族的人汇聚一起，头发颜色也各异，因此，通过帽子色彩的运用，可使人们通过服饰语言形成一个统一整体。如今，街头各色各样的发饰成为服饰搭配的最佳饰品。在夏日的海滩边，我们常常可见到许多泳装发饰，如随意的纱巾、游泳帽、眼罩等，往往都与泳衣的色彩相协调。在发饰的装饰下，泳装的整体效果更加完整。

同类色的运用使发饰与服饰搭配在一起产生出和谐统一的美感，而发饰色彩上运用对比色与服饰色调搭配，发饰则会起到点睛的作用。这类发饰色彩运用往往比较艳丽、跳跃，在整体的服饰语言中起到点缀的作用。我国有不少少数民族就经常运用这种对比色的装饰手法。如哈尼族女性在成人之前常常戴一种缀满彩带彩头的小圆帽，其对比色的运用使服饰整体显得既鲜丽又别具风味。如今，发饰更被强调在头发本身，人们将头发染成各种各样的颜色，将头发染出层次或挑染发梢和头顶等。挑染的颜色通常使用对比色，使整体造型更具时尚感。

不管是对比色还是同类色，都是服饰的语调之一，分别从不同的角度打造服饰的整体风格。

二、发饰造型在服饰搭配中的应用

发饰造型的装饰性有其丰富的特点。发饰造型的装饰性通常运用夸张、变形等造型手法来与服饰相呼应。

发饰的夸张造型，从泰国的艺术表演中能体现出来。在泰国表现民族风情的舞蹈中，高高的发饰成为服饰中的亮点。这些造型高耸的帽子与其皇宫建筑的造型极其吻合。此外，大自然给人类的灵感，使发饰的造型更具生动性地运用植物或动物的形象进行变形设计，这种"仿生"的设计使时装具有一种自然、原始的风格。在中国传统文化中，以龙凤形象来表现民族精神的发饰造型也较多，如在中国的传统婚礼上，新娘通常头戴凤冠，这种传统的婚礼服发饰不仅饱含寓意，而且将整个婚礼服饰装饰得华丽精美。

几何形是常见的发饰造型。过去的发饰设计以圆形居多，如我国唐朝时期盛行的牡丹花簪，在周昉的《簪花仕女图》中可见，以圆形为轮廓形，使服饰装饰线条更显圆润而优美。此外，方形发饰在与服饰搭配的过程中也有其别具一格的生动特点。欧洲的时装设计师将帽饰设计为圆中有方的造型，使女装在柔美的线条上多了一份硬朗明快的美感。其他不规则造型的发饰如今也被许多时装设计师应用在时装表演上，使服饰更具感染力。

除几何形外，还有很多自然界的形态被运用到发饰中，如动植物造型、器物造型等。另外，发型师也对发饰的造型做了一些更具创意手法的设计，用头发本身打造造型，各种盘发、辫发、烫发也对服饰起到整体修饰的作用。总而言之，发饰造型的装饰性既丰富又充满创意，都能充分展现服饰整体的美感。

三、发饰材料在服饰搭配中的应用

发饰所体现的装饰特点与其所运用材料的特性是分不开的。发饰所运用的材料多种多样，但总体来看，发饰所运用的材料大体可分为两大类：一种是软质材料，一种是硬质材料。这些材料能为发饰设计提供极大的创作空间。软质材料包括毛皮、棉麻、丝线、绢纺、尼龙、呢绒等；硬质材料则包括金属、矿石、贝壳等。软质材料所创造的是一种柔和、温暖、轻盈、飘逸的美感；硬质材料所体现的则是一种力度与沉淀的美感。两者结合则产生层次丰富的动感。在搭配服饰时，这些不同质地的发饰与服饰面料相呼应，塑造服饰的整体风格。

硬质材料在发饰设计中经常被运用。如《说文解字》中曾提道："笄，簪也。"就材料而言，竹子是古代发笄使用最早的材料。上古时期多用竹，新石器时代多用骨，与骨针缝制的兽皮类服饰搭配，形成一种原始古朴的风格。秦汉以后，"金银珠翠插满头"成为当时流行的风格，发簪材料改变为玉、玳瑁、犀角、琉璃、铜、金银、翠羽等贵重材料，与绸缎等高档面料制作的服饰搭配使用，塑造出一种高贵、华丽的气质与风格。不仅古代发饰材质多样，而且一些少数民族的发饰材料的装饰性与服饰搭配也有着鲜明特点。我国藏东地区女子在结婚时，会身着传统的藏袍，并按照自己的岁数将头发编成小辫，分发处顺着发路在两颗珊瑚中串上一颗猫眼宝石固定在头上，珊瑚和猫眼宝石颗粒当然是越大越好。不少有身份的女子，如贵族或富家女子，带一种华贵的发饰，藏族叫作"巴珠"。"巴珠"上缀满了珊瑚和玛瑙、翡翠、珍珠等名贵的宝石，与藏袍搭配在一起相得益彰。如今，各种流行发饰所用材料丰富多彩，就硬质材料来看，各式发夹或簪等，都运用水钻、珍珠、宝石，或用翡翠、珊瑚等名贵材料，这使发饰不仅具有了装饰的美观性，而且成为有价值的藏品。

软质材料在发饰设计上的应用也相当广泛，如藏北的冬季，狐狸皮帽子是礼帽，嫁娶新娘、赴宴或举行盛会时是必戴的。毛皮类的发饰也是我国北方地区冬季的必备之物，与毛皮大衣一起成为冬季既实用又美观的风景。在原始社会中，羽毛常常是发饰的重要装饰物，这表达了原始部落民族崇尚自然的思想感情。在现代社会中，各种丝质、丝绒、尼龙、棉麻等软质材料做成的发结、发夹、头巾等成为时尚流行的元素。这些色彩丰富、手感柔滑的发饰与服装搭配在一起，营造出甜美、温暖的感觉，在服饰的搭配中体现出其极大的装饰效果。

四、发饰的种类与搭配方式

（一）头冠

头冠也可称发冠，有的如皇冠整个围绕头部或头顶；有的只有半圈，竖插入头顶盘好的发髻中。头冠多如皇冠般繁复富丽，有卷草花纹与缠枝纹样，镶嵌仿钻、珍珠、水晶等装饰，复古而浪漫。头冠一般适用于礼仪场合，搭配婚礼服、晚礼服等。

（二）发夹

装饰用发夹色彩都较艳丽，造型有童趣卡通型，也有成熟华丽型，一般可用于固定刘海、额前碎发，也能将发缕小股或整股束起固定。时尚装、职业装、休闲装等都能以发夹作为发饰，注意款型与色调的协调即可。

（三）皮筋

现在扎发辫的皮筋变得多姿多彩了，有彩色皮筋上缀有装饰物的，有皮筋外直接以花布面料作装饰的，还有兔毛、貂毛等裘皮外套的皮筋。以与发色或肤色色调接近的皮筋束发较内敛知性，适合搭配职业装；以亮色、多股皮筋扎多股发辫的装扮则与休闲时尚装或运动装相呼应。

（四）发带

发带多以缎带、花边、蕾丝、织锦、花布等服饰面辅料制成，与服饰有较高的搭配度。发带无论用来束直发、卷发，还是作为头箍、皮筋外装饰，都非常女性化，给人感觉乖巧甜美。

（五）发箍

发箍与发带有异曲同工之妙，只是发带质软有飘逸感，发箍多硬质有弹性，易于固定与佩戴。发箍也有多种形式，有的用超宽布料打褶而成，有的有立体卡通形象或半浮雕状绢花装饰。

（六）额链

额链源于印度，是女性的发饰之一，佩戴于中分头部，直垂眉心。有的则如超短项链，两端固定于左右侧头顶发上，使之悬垂至额前。额链具有鲜明的民族地域特征，多与异域风格的时尚装扮、热辣性感的服饰搭配。

（七）假发饰

假发饰，实际上就是假发材质制成的，可绑于皮筋外，接在发带、发箍上，成为长长的马尾辫或柔软的"长波浪"。这种令发型快速变化以搭配服饰造型的发饰在年轻人中非常流行。

（八）丝巾

丝巾的"万用"功能使之成为每一位女性的必备品。单就发饰而言，丝巾就可作发带、头巾、头箍、软帽。只要心思巧妙，丝巾就可成为"百变王"。

（九）花饰

早在公元前，女性就喜欢将花饰作为整体形象的点睛之物。无论是鲜花饰还是假花饰，现今又成为时尚达人们竞相媲美的装扮手段。长发佩戴花饰，有种热带女郎的风情；盘发斜插花饰，像弗拉明戈舞女般动感十足。与花饰搭配的服饰应有明显的民族特色以及同样饱和的浓艳色泽。

五、帽子的种类与特点

（一）帽子的种类

帽子的发展与演变同人类的发展一样经历了漫长的历史。它与气候环境、政治、宗教信仰、风土人情有着密切的联系，是服饰搭配的主要物品之一。帽子有很多种，可以按材料、用途、款式造型和使用对象进行分类。

① 按结构分成有檐帽、无檐帽两大类。网球帽、渔夫帽、牛仔帽、礼帽等都属于前者。药盒帽、针织毛线冷帽、贝雷帽等属于后者。

② 按材料分类是根据帽子的制作材料进行分类。有布帽、呢帽、草帽、皮帽、塑料帽等（见图4-1）。

布帽。布帽质地柔软舒适，适于休闲与户外运动时佩戴。

呢帽。呢帽以高档的呢绒面料为材料，其质地细腻柔软，适合冬季佩戴。

图4-1 按材料分类的帽子

草帽。草帽是用草制品编织的帽子，一般比较凉爽，适于夏天佩戴。

皮帽。皮帽分皮革帽和裘皮帽两种。皮帽的保暖性非常好，适于寒冷的季节佩戴。

塑料帽。塑料帽是塑料经过磨具压制成形的帽子。适于特殊职业和场合佩戴，如建筑工人在工地上戴的安全帽、骑摩托车时戴的头盔等。

③ 按用途分类有工作帽、旅游帽、运动帽、礼帽等（见图 4 - 2）。

工作帽。工作帽包括以安全为目的的安全帽和以标识职业为目的的职业帽。安全帽是在工作状态下，保护工作者的头部的帽子，如炼钢工人、建筑工人所戴的防护性安全帽，消防人员所佩戴的防尘帽、防烟帽、防毒气帽等。职业帽是以职业需要为前提、以标识职业为目的的帽子，如法官、军人、交通警察、铁路职业人员等所戴的帽子。

旅游帽。旅游帽是外出旅游观光、考察时所戴的帽子，如太阳帽、草帽、休闲帽、淑女帽等。这类帽子款式造型各异，时尚有个性，轻便舒适，是现代都市人在快节奏的工作之余外出旅游的必需品。

运动帽。运动帽是运动员在特定的环境中从事各类体育运动时所佩戴的帽子。运动帽的设计以功能性及功效为前提。从事不同种类的运动需佩戴不同的帽子，如游泳帽、登山帽、射击帽、击剑帽、棒球帽等。

礼帽。礼帽分社交场合的帽式和婚丧场合的帽式。社交场合的礼帽一般以呢帽为主，需与正装搭配。如果是特别的外交活动，佩戴的帽式必须遵循国际惯例要求。婚礼中的帽式是新娘穿婚纱时所佩戴的婚帽，这种帽式有半帽式的、有皇冠式的、有披物式等。参加丧礼时所戴的帽子在颜色上有严格的要求，一般是黑色的。

图 4 - 2　按用途分类的帽子

④ 按款式造型分类一般是按照帽子的外部形状来进行命名的，如钟形帽、鸭舌帽、船形帽、贝雷帽等（见图 4 - 3）。

钟形帽。钟形帽外形与吊钟相似，帽身较深，帽檐下倾，一般帽腰上有一定的装饰，既可作为礼帽，又可作为休闲帽。

鸭舌帽。鸭舌帽是最为常见的一种帽型，帽檐在帽子的前端，因帽檐形似鸭舌而得名。根据帽檐长、短的不同又可分为不同款式，如大盖帽、棒球帽等。此种帽式的帽檐具有挡风遮阳的功能。

贝雷帽。贝雷帽的外形为无帽檐、帽身大、帽墙边细窄贴于头部、帽项呈圆形的帽式。一般采用较柔软的面料制作，佩戴的方式比较随意，可与不同款式的服饰相搭配。适合不同的季节、不同的性别、不同年龄的人佩戴。

图 4-3　按款式造型分类的帽子

（二）帽子的特点

帽子是现代服饰搭配中的主要物品之一，具有较强的实用功能和审美功能。

帽子的实用功能：在冬天具有保暖的作用，可以保护头部不受寒冷空气的刺激；在夏天可以防晒遮阳；在刮风的季节可以保护头发；在雨天又可以遮雨。

帽子的审美功能主要体现在与服饰合理搭配可以改变着装者的心情，可以提升着装者的气质与魅力，可以衬托出着装者的社会地位、经济状况和品位修养。

（三）帽子装点服装造型

帽子是时尚的风向标，除了保暖舒适、防晒遮阳的实用功能外，还具有较强的装饰性。帽子有很多种类，色彩也比较丰富，不同材料的运用又赋予帽子不同的风格。因此，帽子在与服饰搭配时要注意三个统一：第一，帽子与服装款式风格的统一。帽子是附属于服饰的。某种风格的服饰必须搭配相同风格的帽子，只有这样才能达到着装整体美的效果，否则会画蛇添足。如身着休闲服饰，便可佩戴活泼随意的、色彩鲜艳的太阳帽、运动帽、贝雷帽；身着时尚款式的呢大衣，则要佩戴一顶做工精致的淑女帽，才能显示出高雅的气质。第二，帽子与服装色彩的协调统一。虽然现今社会服饰潮流趋向多元化、个性化，但服饰色彩的搭配上还是强调协调统一的，帽子的色彩是服饰色彩的重要组成部分，不应将它孤立地对待，而应将其放入服饰配色的整体中去统筹考虑。帽子的色彩与服饰色彩的搭配一般采用的方法有：同类色搭配，同类色的组合是较为常用的，一般容易取得和谐统一的效果；类似色搭配，类似色组合在一起既富于变化又易于协调，会给人活泼的感觉；对比色搭配，对比色的组合效果强烈、醒目，但在使用上一定要慎重，如果处理不当则会产生杂乱、粗俗的感觉。第三，帽子与服饰材质的协调统一。帽子与服饰配套，除款式风格和色彩外，材质的协调也是使服饰达到整体和谐美的重要因素。因此帽子的质地应与服饰的质地相协调。如丝、麻等坠感很强的服饰，在帽子的搭配上也应是选择柔软的或同类质地的帽子；社交礼仪场合的服饰材质高档、做工考究，与之搭配的帽子也应该具备高档的材质和考究的工艺；穿皮夹克牛仔裤佩戴皮帽能透出人的干练与潇洒；穿素色连衣裙的少女戴上遮阳草帽在夏季既能抵挡暑气，又能使人感到有一种乡土情趣的朴素美感。

在帽子的选择搭配上除了要遵循上述与服饰主体的搭配关系外，还要注意其与佩戴者体型、肤色、脸型的联系。

一般而言，体型高大者适合偏大的帽子，否则会产生头轻脚重的感觉；身材瘦小者则适合偏小的帽子，否则会让人觉得头重脚轻；个子偏矮的女性不适合带平顶宽檐帽；个子高的则不适合戴高筒或直尖的帽子；脖子短的人不要选色彩艳丽的帽子；等等。

在肤色方面，皮肤灰白的人比较适合纯度不高的颜色，如玉白、浅蓝、橄榄绿等中间色；皮肤嫩白的人可选择性就比较多，但由于自身肤色白，在选择帽子时尽量避免接近白色或纯白的颜色；肤色红润的人选配帽子时色彩范围也较广，能够与很多色彩相协调；黄皮肤的人不宜配黄、绿色帽子；黑皮肤的人在选戴色彩鲜艳的帽子时需注意服饰整体效果。

最后是帽子和脸型的搭配。人的脸型基本可分为蛋形、长形、圆形、三角形、方形等。脸型胖的人不适合戴小的圆顶帽，帽檐较宽的鸭舌帽则比较合适一些；脸型长的人在选择帽子时应尽量选择能使脸部看起来变短的帽形，因此宜选择平顶宽帽檐浅帽，不宜戴尖顶帽或高筒帽；三角脸型与方脸型不够圆润，脸部线条过于硬朗，因此需要选择线条柔和、女性味足的曲线造型帽子，如圆形帽，不适合戴方形等直线廓形的帽子。

第二节 首饰搭配艺术

我们知道首饰和服饰一样，都是穿戴在人体上的，当然服饰首先具有保暖遮羞的实用功能，然后才是装饰美化的审美功能，而现代的首饰几乎只有装饰美化功能。

首饰设计是以装饰美化的审美功能作为目的的立体空间造型艺术。我国首饰设计创作的方法存在很多问题，大部分仍以传统图案纹样和通用款式作为参照，或以平面构成中点线面的延伸作为理论依据，从艺术层面上说把首饰设计方案教条化，很多设计停留在模仿的定式里，使首饰设计很难推陈出新，这些都是需要我们注意的。

我们每个人都具有与生俱来的个体不同的人体型特征，每个型都会带来不同的风格规律，这种风格规律与我们的服饰有着密不可分的关系，只有根据人体型特征寻找与其相吻合的服饰，人体与服饰之间形成共性关联，才能达成协调一致，达到审美统一的效果。法国新艺术运动时期著名设计师拉里克就提出，首饰设计因人而造，设计应考虑人的气质和个性特质，使首饰造型与主体人完美结合。

首饰与服饰搭配时，要特别注意其风格的针对性。一般服饰使用软质材料缝制，首饰则大多使用硬质材料打造，因此首饰要符合人体工程学，它的部分造型也是相对独立的。高贵豪华的晚礼服就需光亮艳丽的首饰来映衬。轻松、简洁、面料高贵的直线型时装，配上抽象的几何图案耳环和发饰，会有一种现代理性之感。

首饰与服装搭配时一般不宜过多，否则会喧宾夺主，必须使其处于陪衬地位。一条精致的项链在一套素色服饰上就可以起到点缀、提神的作用。如果再配上手镯、胸花、腰饰，那么它们的精致程度、反光亮度以及色相纯度都各不相同，反而显得俗气。此外，佩戴首饰还应该考虑首饰的质地和自己的特点：较深的肤色，配上白银质地的首饰会显得和谐稳妥；性格沉静的少女，佩戴金色的首饰能使人更觉高洁、文雅；少女配上有一点颜色的珐琅首饰，会显得活泼、伶俐。搭配时还可考虑首饰的款式、颜色。

一、首饰的分类与特点

服饰离不开首饰的点缀，首饰在服饰整体形象中具有锦上添花的作用。首饰在服饰中的合理运用可以提高着装者的品位，美化着装者的形象。

(一) 首饰种类

首饰原指头上的饰物。现泛指人们佩戴的各种装饰物，如耳环、项链、戒指、手镯等。

根据材料分，首饰可分为贵金属首饰和珠宝首饰两大类。前者主要指由金（纯金、K金）、铂金、银、铜等制成的首饰。后者是由钻石、红蓝宝石、祖母绿等天然宝石和各种人造宝石制成。

根据性别分，首饰可分为女性首饰和男性首饰。

女性首饰的特点是设计美观，做工精巧，色彩鲜艳并富有变化。其作用是使佩戴者的女性魅力更充分地表现出来。当今首饰世界仍是女性首饰占主导地位。

男性首饰的特点是线条明快、粗犷，设计大方，突出首饰材料的特点及价值。目前男性佩戴首饰的目的主要有：①象征成就感，包括显示富有；②表示独立个性，显示阳刚之气；③取某种寓意；④仿效自己所崇拜的人。

(二) 首饰的分类

由于首饰的种类繁多、样式各异，因此分类的方法也很多。最常用的分类方法是以具体品种和材质来进行分类。

首饰按佩戴部位可分为戒指、耳饰、项链、胸针、胸花、手链、领带夹、袖扣等（见图 4-4）。

戒指：戒指是装饰在手指上的珠宝饰品，除了装饰的作用外，还有更多的寓意。如结婚戒指象征着爱情的永恒，订婚戒指是爱情的信物，毕业戒指记录着人生的转折等。戒指的款式造型丰富多彩。材料有黄金、白金、银及镶嵌的各种宝石。

耳饰：耳饰是装饰在耳垂上的饰品，分为耳环和耳坠。耳环是将环形饰物穿过耳垂，进行耳部装饰。耳环的造型大小不一，有精致小巧的耳环，也有粗犷的大耳环。耳坠是从耳垂部向下悬挂的坠饰。耳坠造型丰富、装饰华丽，有水滴形、心形、梨形、花形、串形、链式等。材料有金、银、珀、玛瑙、翡翠、钻石、水晶、玉石等。

项链：项链属于颈部的装饰物，品种较多，有金银项链、各种宝石项链、珍珠项链等，长度不等。项链坠饰为宝石及各种金、银。坠饰的外部造型一般为心形、动物、字母等。

胸针：背面有别针能装饰在胸部的饰品称为胸针。胸针具有点缀和装饰服饰的作用。其造型别致，设计巧妙。材料多为黄金、铂金、白银、珍珠、彩石等。

领带夹：领带夹是男士的重要饰品，既有装饰作用，又具有实用功能，起着固定领带的作用。

袖扣：袖扣是男子衬衣袖口上必备的服饰配件。袖扣的造型样式较多，有方形、圆形、菱形、其他几何图形等。

　　首饰的材质纷繁多样，如树脂、亚克力、金属、木、兽骨、琥珀蜜蜡、珠宝玉石等。其中以金属类与珠宝玉石类最为典型。

　　金属类：此类首饰所用的材料及其品质也不尽相同，高档金属如金、铂、银等，低档金属如铜、铁、铝等。

　　珠宝玉石类：此类首饰的原材料丰富多样，如钻石、珍珠、玉、石等。能够被选用于高档首饰的材料要具备美观、耐用和稀少三个条件，还要符合以下几个特点：

　　① 色彩要艳丽美观，如天然具有白、绿、红、黄、蓝、紫等色调。

　　② 质地要纯净，如钻石、红宝石、蓝宝石等。

　　③ 透明度要高（也有不透明的），如翡翠、天然水晶等。

　　④ 光泽感要好，主要表现为内部透射和折射的效果。

　　⑤ 部分材料还要具有高强的硬度以便于加工切割，如钻石。

图 4 - 4　各种首饰

（三）首饰的特点

　　首饰具有从属于服饰的特性。首饰是塑造服饰的整体美以外的物品，它在服饰家族中处于明显的从属地位。

　　首饰具有装饰作用。人类对美的追求是首饰存在的原因，首饰的运用不仅注重形式上的美，更注重个性、品位与修养的体现，在服饰整体形象中具有锦上添花的作用。

　　首饰具有记载愿望、传达信息的功能。首饰是人们传达心中特定意念的一种语言，可以传递出不言而喻的信息、表达某个阶段的情感。如结婚戒指传达永恒的爱情的寓意等。

二、首饰与服饰的搭配原则

　　人们购买珠宝首饰，主要用于佩戴，表现个人的气质和修养。当我们决定购买某件首饰时，不能只考虑它的价格及首饰本身的色彩和款式，还必须想到它是否适合我们，以及我们将在什么时间、什么场合下佩戴。

首饰佩戴的基本原则，就是要达到首饰与人的整体形象的和谐。和谐产生美。人的整体形象主要包括脸型、五官、肤色、发型、体型、着装、年龄、性别等几个方面。

首饰与服装搭配是一门艺术。若二者搭配得当则相得益彰，反之则会破坏整体形象。因此在选择所要搭配的首饰时一定要注意它与人体的协调性、与服饰风格的统一、与服饰色调的呼应以及各个首饰之间风格的一致。另外，在一般情况下全身的首饰不宜超过三件，除非参加宴会。

除上述所说的原则外，首饰与服饰的搭配还要遵循 TPO 原则。TPO 分别是英语中 Time、Place、Occasion 的首字母，意思是时间、地点、场合。TPO 原则是世界上通行的着装打扮最基本的原则，力求的是服饰搭配的和谐之美。因此首饰与服饰搭配应该与当时的时间、所处的场合和地点相协调。

（一）时间

时间可以指白天、晚上或季节，也可以指工作时间、娱乐时间、社交时间。时间的不同对首饰搭配的要求也不同，早晚光线的差异以及季节冷暖对自然环境都造成一定的色彩差异，这些都会影响到首饰与服饰搭配的效果。根据不同的时间，灵活搭配首饰能够提升服饰的整体效果。如晚宴时间是在晚上，有灯光照射，着装一般是华丽的晚礼服，在首饰搭配上应选择那种能在灯光下闪烁，镶嵌各种宝石或钻石，具有华丽、庄重感的珠宝饰物，这样才能凸显着装者的高贵气质。

首饰在服饰搭配中的作用，不只是为了显示珠光宝气，而是对整体服饰起到点睛的、扩展的作用，能够增强服饰整体的节奏感和层次感。首饰的运用要随着服饰的季节变化而变化。如春夏季服饰一般是轻薄面料的衣裙，色彩淡雅，在首饰的搭配上可选用精致、小巧的首饰。秋冬季着装色调浓重，可选用庄重、典雅的首饰，以衬出毛绒衣物的温暖与厚重。

（二）地点及场合

地点及场合是指不同的地点、不同的环境、不同的氛围，如社交场合与地点、工作场合与地点、休闲场合与地点等。把握不同场合的服饰要求，进行得体的首饰搭配，能在各种场合中建立自信，赢得他人的好感，增加成功的机会。

社交场合分为商务社交场合、晚宴场合、婚礼场合等。到不同的地点出席不同的场合，对服饰的要求各不相同，因此与服饰相搭配的首饰也必须随着服饰的变化而变化。如在商务型宴会上着装不仅表现着装者的风貌，更重要的是代表着公司的形象，所以着装应端庄优雅、稳重大方。首饰的搭配应选用精致小巧、做工精良的黄金铂金首饰或珍珠首饰，不可过分张扬。晚宴场合隆重，着装华丽，佩戴的首饰一般是贵重、豪华的，镶有各种宝石或钻石，形体较大，色彩艳丽。婚礼场合喜庆圣洁，戒指是首选的品种之一，是婚姻的承诺。一般新人都会选择钻戒，象征着爱情的永恒。

职业场合的着装遵循的是端庄、整洁、稳重、美观、和谐的原则，能给人以愉悦感和庄重感。因此首饰的佩戴上应选用款式简洁的、色彩淡雅的、质料上乘的，以表现出职业女性的成熟与考究。

随着人们生活水平的不断提高，佩戴首饰的人越来越多。人们不只在社交场合佩戴首饰，在生活的任何地方、任何场合都佩戴首饰，如休闲、外出郊游或参加朋友派对等。首饰的选择可随个人喜好，可佩戴随意的、艳丽的、风格粗朴的、个性化的夸张饰物等。

（三）脸型与首饰

① 椭圆脸型也叫鹅蛋圆脸型，无论佩戴何种式样的首饰都可以。当然，如果佩戴中长项链、小型耳环，则会进一步衬托出脸部的优美感。

② 圆脸型的女性，佩戴原则是使脸两颊变窄、上下变长。可佩戴细长的"V"字形项链并配以坠饰，耳饰宜选用带棱、角状坠饰及垂悬式耳环，以增加脸部的轮廓感。

③ 长脸型的女性，可佩戴圆形大耳环或圆耳环、细短项链，以增加脸部的宽阔感。如选用圆形大耳环，使人的视线横扫脸部，就会使长脸显得短一些。

④ 方脸型的女性，可佩戴中等的椭圆形耳环，尽可能戴较长一些的项链，以增加脸部的柔和感。

⑤ 正三角脸型，特点是额窄颚宽，在蓬松的鬓角上插些色彩醒目的发饰，可以增加脑门宽度，佩戴小巧的单粒或小碎钻耳钉或垂珠式中型耳环、带坠饰的"V"字形项链，可以减少脸下部的宽阔感。

⑥ 倒三角脸型，又叫瓜子脸型，宜佩戴小型的三角形耳环、简练的荡环、细而短的项链，以增加脸下部的宽阔感。

（四）肤色与首饰

肤色可分为红润、洁白、略黄、灰青、偏黝黑等。

① 红润肤色的人，可佩戴色彩鲜艳的首饰。

② 洁白肤色的人，可选佩浅色或艳色首饰。

③ 略黄皮肤或肤色灰青的人，可选佩无色透明的首饰，如铂金饰品、铂金钻饰、铂金镶有色宝石饰品、水晶项链、珍珠饰品等，能增添优雅和刚毅感。

④ 偏黝黑皮肤的人，可佩戴粗犷风格的黄金及 K 金镶蓝色宝石首饰，以显示阳刚之气。

（五）发型与首饰

发型是女性头部装饰的重要部位，因而首饰的佩戴也须考虑到与发型的协调。

① 短发适于佩戴纽扣式耳环。头发越短，脸部特征就越突出，因而在佩戴项链时，就越需要考虑掩饰脸部过宽或过长等不足。

② 披肩发或更长的头发，宜选用更引人注目的耳环，如垂吊式金耳环、K 金镶宝石耳环，色彩也要醒目一些，项链宜短不宜长，以增加现代感。

③ 烫发可佩戴新潮、华贵的首饰，以与发型塑造的雍容气质相称。

④ 挽髻可选佩金簪、小型金耳饰、圆戒或花戒、手镯等，不宜佩戴新潮首饰，以免破坏贤淑、端庄的形象。

⑤ 结辫可佩戴镶宝石耳钉、发夹、小型耳饰、细项链，以衬托俊秀的气质。

（六）体型与首饰

① 体型修长的女性，手指、臂腕也纤细修长，但往往胸部比较平坦。宜佩戴层叠式富有图案结构的项链或大而雅致的胸针，这样会对平坦的胸部加以掩盖。手部的饰品则应以粗线条为主，如钻石、红蓝宝石、玉石戒指，可适当大一些，这样会将柔嫩的手指衬托

得格外娇美。

② 体型丰满的女性，一般颈部短粗，胸部过大，手指、臂腕也较粗。最好佩戴有拉长感的带坠项链，坠物最好为水滴型、长型等，长度在 60～70 毫米，从而在一定程度上使人产生纤细的感觉。也可佩戴一些异型花戒、宽而松的手镯。

③ 体型瘦小的女性，适合佩戴小型首饰，且不要过多，切记不要把项链、耳环、胸针、手链等饰物一齐佩戴。这会使人有不堪重负之感。项链应选细的，最好不要配坠。

④ 高大健壮的女性，宜佩戴中长项链，切记不要将一根短项链紧束颈上，这会让人觉得不舒服。还可佩戴大而宽的镶宝石戒指、大型耳环、粗壮的手镯等，以冲淡高壮的感觉。

（七）着装与首饰

人们佩戴首饰与着装，都是为了美化外在形象和烘托内在气质，因此，首饰与服装应该相辅相成，只有二者和谐统一，才能取得满意的装饰效果。

1. 造型上相互呼应

首饰款式的选择要以服饰为基础：① 与礼服相搭配的首饰应是比较精致考究的；② 与便装搭配的首饰应是大方简洁的；③ 与牛仔装搭配的首饰以奔放、粗犷为宜。

首饰款式与服装的线条相对应：① 服装的线条结构以曲线为主时，首饰的造型最好是直线构成的方形或三角形；② 服装的线条以直线为主时，首饰的造型则应以曲线构成的圆形、椭圆形为主，从而使服饰在整体上产生丰富的动感。

2. 色彩上互相补充

首饰色彩的丰富程度要远远超过服装，佩戴适当常可以在服饰整体效果上起到画龙点睛的作用。因此佩戴首饰时，颜色的选择应以补充色彩中的不足为依据。当服饰色彩很单调时，便可用色彩鲜明且富于变化的首饰，如有色宝石来点缀；而当服饰的色彩过于强烈或纷乱时，则可佩戴颜色较单纯、色彩较浓重含蓄的首饰，如铂金钻饰、深蓝色的蓝宝石等来平衡。

3. 质感上相互对应

① 首饰和服装可选用的材料都很多，可表现的质感也丰富多彩。当服装面料柔软而细腻时，宜选择质感粗犷的首饰；当服装面料厚重且挺括时，则应佩戴光润、晶莹的首饰，以使两者互相衬托，呈现出丰富多变的视觉美感。

② 着装的重要组成部分鞋帽也影响首饰的搭配和佩戴，而且鞋帽本身以及与服装之间也有搭配的问题。

首饰与服装的搭配除了遵守 TPO 原则外，首饰的种类、品质与着装服饰的整体风格、色彩、面料必须按照形式美的法则进行搭配，运用对比、均衡、和谐等要素达到首饰与服装与人的和谐统一。首饰的色彩或质感与服饰主体的色彩或质感相反或差异较大时会形成对比，能够塑造鲜明的艺术效果。如身着色彩鲜艳的服装，以佩戴单纯而含蓄的饰品为佳，身着色彩比较单调或者是无色彩系列的服饰时可选择鲜艳而亮丽的饰品，以此构成首饰与服装色彩的对比美。首饰与服装搭配时也可采用和谐方法，即在选用首饰时，要让首饰的质感、色彩、款式、风格等方面与服装主体相和谐。总之，首饰与服装搭配时一般不宜太多，应以简约为主。

第三节　围巾、领带搭配艺术

一、围巾

（一）围巾的历史

在黄帝蚩尤的时代，兽皮是被作为奖励品发给那些值得肯定的人的。就是说最初围巾这个产品不单单是为了保暖的生理需要，而是一种精神上的安慰和鼓励。当然那个时候的兽皮，也应该是没有经过加工的，还带着血腥、很粗糙。

现代的围巾是围脖、披肩和包头等御寒防尘装饰用的纺织品，以棉、丝、毛和化学纤维等为原料。加工方法有机织、针织和手工编结三种。按织物的形状分为方围巾和长围巾两类。方围巾如沿对角线裁开，经过缝制便成为三角围巾。有素色、彩格和印花等品种。为使手感柔软、纹条清晰、坚牢耐用，机织方巾多数采用平纹、斜纹或缎纹组织。丝绸方巾的经、纬常用 20～22 旦桑蚕丝或化纤丝，以白织为主，绸坯经精练、染色或印花加工。其质地轻薄透明，手感柔软滑爽，重量在 10～70 克每平方米。适用于春秋季节的方巾有缎格绡、双绉绡、斜纹绸等品种。长围巾两端带穗，穗须有织穗、装穗和拈穗。织物组织有平纹、斜纹、蜂巢和重经组织等。机织和针织围巾中均有拉毛围巾，是巾坯经钢丝起毛机或刺果起毛机拉毛而成，表面绒毛短密，手感厚实，增强了织物的保暖性能。羊毛围巾也可采用缩绒工艺达到绒毛丰满、质地紧密的效果。丝绸长围巾的经纬大多采用 20～22 旦桑蚕丝或 120 旦有光人造丝，纬丝常用强拈线。绸坯经练染、印花加工或绘花、绣花等，以写实花卉图案为主，绸面光泽柔和，手感滑爽，花色艳丽多彩。

随着社会发展、人口增多，人们对围巾需求越来越大，对围巾的加工也要求很精细，即使我们佩戴的是真的兽皮，也是经过很多道加工手续，不会再感受到那种野兽本身的血腥气味，而且随着人类文明的发展，也不允许我们再去猎杀很多的兽类。它们已经不是人类征服的对象，而成了我们保护的对象。而时尚人士喜欢佩戴的兽纹围巾，也不再是真正的皮毛，已经演变成真丝、羊绒等很柔软的材质，只保留了兽纹的图样。

（二）围巾的种类及优缺点

围巾不再是冬季保暖用品，更多的是装饰用品，不同季节佩戴不同材质的围巾。春秋季：多以棉质、莫代尔材质、腈纶等薄款材质围巾为主；冬季：多以毛线、羊毛、羊绒等保暖材质围巾为主；夏季：以真丝、麻质材质围巾为主。

围巾面料有以下几大类（见图 4-5）。

① 化纤是化学纤维的简称。它是利用高分子化合物为原料制作而成的纤维的纺织品。通常它分为人工纤维与合成纤维两大门类。它们共同的优点是色彩鲜艳、质地柔软、悬垂挺括、滑爽舒适。它们的缺点则是耐磨性、耐热性、吸湿性、透气性较差，遇热容易变形，容易产生静电。它虽可用以制作各类服饰，但总体档次不高，难登大雅之堂。目前大多数服饰使用的都是这类面料。

② 麻布是以大麻、亚麻、苎麻、黄麻、剑麻、蕉麻等各种麻类植物纤维制成的一种布料。其一般被用来制作休闲装、工作装，目前多用于制作普通的夏装。它的优点是吸湿、导热、透气性甚佳。它的缺点则是穿着不甚舒适，外观较为粗糙、生硬。

③ 棉布是各类棉纺织品的总称。它多用来制作内衣、休闲装、时装和衬衫。它的优点是轻松保暖、柔和贴身，吸湿性、透气性甚佳。它的缺点则是易皱、易缩，外观上不大挺括美观，在穿着时必须时常熨烫。

④ 呢绒又叫毛料，它是对用各类羊毛、羊绒织成的织物的泛称。它通常适用以制作礼服、西装、大衣等正规、高档的服饰。它的优点是防皱耐磨，手感柔软，高雅挺括，富有弹性，保暖性强。它的缺点主要是洗涤较为困难，不大适于制作夏装。

⑤ 皮革是经过鞣制而成的动物毛皮面料。它多用以制作时装、冬装。它又可以分为两类：一是革皮，即经过去毛处理的皮革；二是裘皮，即处理过的连皮带毛的皮革。它的优点是轻盈保暖，雍容华贵。它的缺点则是价格昂贵，贮藏、护理方面要求较高，故不宜普及。

⑥ 丝绸是以蚕丝为原料纺织而成的各种丝织物的统称。与棉布一样，其品种很多、个性各异。它可被用来制作各种服饰，尤其适合用来制作女士服饰。它的长处是轻薄、合身、柔软、滑爽、透气、色彩绚丽，富有光泽，高贵典雅，穿着舒适。它的不足则是易生折皱、容易吸身、不够结实、褪色较快。

⑦ 混纺是将天然纤维与化学纤维按照一定的比例混合纺织而成的织物，可用来制作各种服饰。它的长处是既吸收了棉、麻、丝、毛和化纤各自的优点，又尽可能地避免了它们各自的缺点，而且在价值上相对较为低廉，所以大受欢迎。

⑧ 莫代尔是奥地利兰精公司开发的高湿模量粘胶纤维的纤维素再生纤维。该纤维的原料采用欧洲的榉木，先将其制成木浆，再通过专门的纺丝工艺加工成纤维。该产品原料全部为天然材料，对人体无害，并能够自然分解，对环境无害。莫代尔纤维的特点是将天然纤维的豪华质感与合成纤维的实用性合二为一。它不仅具有棉的柔软、丝的光泽、麻的滑爽，而且吸水、透气性能都优于棉，还具有较高的上染率，织物颜色明亮而饱满。莫代尔纤维可与多种纤维混纺、交织，如棉、麻、丝等，以提升这些布料的品质，使面料能保持柔软、滑爽，发挥各自纤维的特点，达到更佳的使用效果。

图 4-5 不同种类的围巾

二、领带

大文豪巴尔扎克曾经说过，领带是男人最好的介绍信，由此可见，领带对于男士的意义是多么重大，它体现了男人的性别特征，展示了富有理性的责任感，反映了男人的精神世界。每个男人都希望自己成为风度翩翩、优雅得体的绅士，而穿正装、系领带最能够体现这种风度。对于熟悉服饰搭配技巧的男士来说，一套西服至少应该配备三至四条质量上乘的领带，这样即使不换西装，只是更换领带也能够满足不同场合的需要。男士的领带是正装里面最大的变数，效果也总是立竿见影。

领带属于领颈部位装饰物的一种，它是体现男士个性的饰物，在男装中属于正式用品，要视场合使用。当今社会，随着社会文明程度的提高和人们服饰配套意识的加强，领带的选择引起了众多男士的关注，同时在艺术性方面也日趋讲究，在色彩搭配、图案选择、材质运用等方面更加注重品位与时尚。领带作为男士服饰的一部分，常能体现出佩戴者的年龄、职业、气质、文化修养和经济能力等，为男士独特而深沉的内心世界作了最好的形象注解。现代领带在经历了服饰潮流的漫长考验之后，正以它独有的灵魂和个性不断地发展。

（一）领带的历史

现代领带源于西方。在文艺复兴时期，欧洲便开始盛行颈部装饰——拉夫领，到了巴洛克时期的荷兰风时代，以前分解的各衣服部件开始逐步地组合起来，用蕾丝做成的大翻领和翻折下来的平领与坡肩领成为当时最流行的领饰。随着男士的服饰逐渐演变成衣襟敞开的形式，颈部装饰变得格外重要了。

法国风时代初期以前的大翻领被打褶做成领饰。上衣变成收腰无领的款式后，出现了系于颈部的装饰性领饰——领巾（见图 4-6），它被认为是现代领带的始祖。领巾一般用薄棉布、亚麻布或薄丝绸制作，初期宽 30 厘米、长 100 厘米，在脖子上绕两圈后系个结让两端垂下来。随着流行的发展，领巾的边缘也被装饰上蕾丝或刺绣，长度增加到 200 厘米。如何系好这条带子对于当时的贵族男子来讲是评价高雅与否的条件，因此，出现了专门从事这项工作的侍从。

18 世纪以来，工业化革命的进程促进了人们社会意识的转变，社会对男性整体形象的审美要求是挺拔、优美，具有力度感。因此，男性服饰变为十分注重庄严和高贵的绅士气派，出现了现代西服三件套（背心、衬衫、外套）的前身和与之相配的简洁领饰，以及燕尾服和领结。领结由绸缎或绢织物制成，围绕在服饰的领部之外再系结成蝶结状。此后，随着衬衫领子的变化，带有硬衬的小立领等款式出现，领饰也相应发生变化，如出现了绕领后打成小花结和系结后垂下一定长度的饰带。

20 世纪以后，在领饰的内侧添加的坚硬的衬垫，使领饰在领部的表现更趋完美。这时已出现了在颈后用细扣和细皮带连接的领结，以及绕颈两圈后在胸前宽松系结的下垂式领带（见图 4-7）。这种领带之上点缀有镶宝石的棒状别针，这种棒状别针就是领带饰针的前身。从这以后才出现各种类型的领带，如阔形领带、饰扣式领带等。随着时代的发展，男士服饰渐趋标准化，西服成为男士服饰持久不变的象征，并产生了与之相配套的领带，领带因而成为男士服饰不可缺少的一个重要配饰。

图 4-6　领巾　　　　　　　　　　　　图 4-7　领带

（二）领带的种类

从领带的形态特征上看，通常有以下几种：

箭头形领带是领带中最基本的样式，系用者最多。一般采用绸料裁制，内衬毛衬料，故显得有弹性，不易折皱。因领带大小两端的头部都呈三角形的箭头状，故称为箭头形领带。此种领带在图案上有印花、织花两种。

平头形领带是领带的一种式样变化，造型比箭头形领带略短而窄，大多以素色或提花的针织物直接织成。因该领带的两端呈平形，故称平头形领带。

线环领带又称丝绳领带，结构较为简单，由一根彩色的丝绳在衣领中环绕，穿过前面中间的金属套口组成。套口制作较为精致，上面装饰有花纹。线环领带系用简单方便，系用后显得轻松活泼。

缎带领带又称西部式领带，是一种以黑色或紫红色缎带在衣领前方系蝴蝶结作为装饰的领带式样。

宽形领带是领带式样的一种，使用时不需系结，和系围巾的方式一样。在欧美各国，宽形领带原是在结婚典礼上用，新郎在白天将之与正式礼服一起配套使用。但有图案的不属于礼服配套所用范围，而是讲究打扮的年轻人常用的。

翼状领带简称领结，又称蝴蝶结，一般分为小领花和蝴蝶结两类。小领花主要与礼服配套使用，有黑白两色，白领花只用来搭配燕尾服，黑领花则用于搭配小礼服及礼服变种。蝴蝶结是由小领花发展而来，比领花大，结成后像只展翅欲飞的蝴蝶，故得此名。蝴蝶结用黑色、紫红色等绸料制作，一般与礼服配套。

（三）领带的结构

领带由大箭、中箭、小箭三部分组成。以中箭为准，窄的一片为小箭，宽的一片为大箭，大箭是露在外面的那一部分领带。领带的整幅长度一般为 130～150 厘米，宽度为 7～

10 厘米。领带的宽度要与西服上装翻领的宽度相衬。

（四）领带的打结方法

平结是最常用的领带打法，也可以说是最经典的领带打法，这种打法早在 1850 年就被运用，风格很简洁。这种领结虽然结形不太对称，一般呈一个斜三角形，但是因为它是历史记载的最早的领带打法，所以依然适用于多种场合，适用于大多数领形。如果把平结打正了，反而少了一些品位。用丝质领带打平结时会显得稍微细长，而且可以在领结处打出一个酒窝的形状，当用厚重的材料打平结时会显得稍微宽一些。

如果你想看起来更有风度更自信一些，那么可以选择半温莎结。半温莎结是一种比较浪漫的领带打法，近似正三角形的领形比平结打出的斜三角形更庄重，结形比平结稍微宽一些，适用于任何场合，在众多衬衫领形中，与标准领是最完美的搭配。休闲的时候，用粗厚的材质系半温莎领，能凸显出一股随意与不羁。

温莎结一般用于商务、政治等特定场合，非常漂亮，属于典型的英式风格，其步骤在几种最常用的领带打法中也算是最复杂的了。名为温莎结，必然与温莎公爵有一些联系，其实这个结并不是温莎公爵发明出来的，而是别人借温莎公爵之名来命名的，温莎公爵只是赞同这个结形而已。打温莎结必须使用轻薄的丝质领带搭配宽角领衬衫，如温莎领或意大利领。如果使用厚的领带或搭配窄紧的衬衫领，那么结形会显得太宽。

普瑞特结可以说是最年轻的一种领带打法，是风行于 1989 年的一种打法。与其他基本打法比较，普瑞特结的特点是开始打结时领带的背面朝外，这样做有一个好处，即可以减少一个缠绕的步骤，领结形状似温莎结的端正，却比温莎结体积要小，十分美观。

（五）领带与服饰的搭配

领带的色彩五彩缤纷，佩戴时应根据西装的颜色、花纹而定。色彩搭配应深浅相宜、冷暖相适。

① 深浅相宜就是指领带与西装搭配时，应以西装的大面积色彩为主、领带的小面积色彩为辅，做到相互衬托、点缀、装饰。如西装是深色的，领带的色调可浅一些；西装是浅色调的，领带就采用深色调的。当然近年来也较为流行同色系搭配，显得更为儒雅深沉。

② 冷暖相适就是指西装和领带的冷暖色彩要力求协调，要以着装者的风格及出席场合为依据进行合理搭配。如黑色西服，搭配银灰色、蓝色调或红白相间的斜条纹领带，显得庄重大方、沉着稳健；暗蓝色西服，搭配蓝色、深玫瑰色、橙黄色、褐色领带，显得淳朴大方、素净高雅；墨绿色西服，搭配浅灰色、灰黄色领带，显得华贵典雅、熠熠生辉；乳白色西服，搭配红色或褐色的领带，显得十分文雅、光彩夺目；米色西服，搭配海蓝色、褐色领带，更显得风采动人等。

图案搭配指领带的装饰部位要与西服款式相配。在严肃的场合穿着西服上装时，将西服上装的扣子全部扣上或只扣上面的一个，留出最下面的一个，即会出现 V 字形的区域。因此，此时领带图案的装饰部位应在上方，以达到引人注目的效果。

当领带的装饰重点在领带的下方，即在领带的大箭部位时，重心向下移，有一定的稳重感，可用于敞怀的西装或单独使用。领带的装饰部位也有在上下两方的情况：有的以上为主，以下为次；有的以下为主，以上为次。这种领带在西装敞怀或扣上纽扣时均可选用。

当装饰部位在领结上，即其图案位于领带的中箭至小箭处时，在系结时，要让装饰部位正好在领结上，以使图案突出。一般多采用阴阳图案的排列，即在领结部分设置阴影图案，在大箭部分设置阳形图案，使其既统一又富有变化。

领带的装饰风格要与着装者将要出席的场合相配，尤其是领带图案的选择要和场合相配。一些基本的规则图案，如斜纹、细格等，一般没什么使用禁忌。穿礼服时，领带图案的颜色要尽可能庄重、沉稳；领带图案色彩丰富、比较花哨的较适合朋友聚会、外出游玩等休闲场合。

第四节　包袋搭配艺术

时尚包袋就像时装一样绚丽多彩，装点着人们的生活。它们以色彩浓郁、豪放粗犷、质感强烈、尊贵典雅等独有艺术气息风靡世界时尚舞台，掀起了一股新的实用艺术风潮。包袋发展到今天已经不仅仅是实用的工具，更成为艺术的化身。一款设计新颖、做工精致、充满韵味的经典包袋，能够适时地传达都市最前沿的时尚信息，彰显主人不凡的气质与品位、优雅的情致与格调。粗犷的皮包带出的原始味道浓郁得让人痴迷；精致的挎包所传达出的奢华与时尚会让人沉醉；朴素的帆布包固有的自然气质则让人文艺雅致。

世界顶级的箱包或奢华或低调，做工考究，从整体到每个小细节都尽善尽美，极受社会名流们的钟爱。如今，这些享誉全球的品牌包袋在不断追求品质的同时，已经远远超越了其功能性，超越了其使用价值，在巅峰处演绎着更为复杂的美感与文明。

一、包袋

包袋是基于实用目的而产生的，初期是简单的方形面料或皮革四角拼合起来以便携带的物品。随着社会的发展，包袋在实用的基础上又增加了审美功能。基于不同的潮流文化、不同时代的科技水平以及不同的场合，包袋已衍生出千变万化的样式。

（一）钱包

15 世纪后期，欧洲男士流行佩戴一种精致的小荷包，称"Purse"，悬挂在腰际。刚开始时只有男士才佩戴。直到 16 世纪女性才开始在腰间挂"Purse"，并且一直流行至 19 世纪。16 世纪 70 年代，"Purse"逐渐变成裙子的口袋附加地拴在腰间，后来又成为裙子里子的一部分，手可以从裙子侧面的开口进入，称"Tiepocket"。到 18 世纪由于女性社交活动趋于频繁，开始流行在裙与外裙间戴上"Tiepocket"。

（二）手袋

18 世纪末至 19 世纪初，宽大的服饰随着新古典主义的流行而变得非常修身，女士们纷纷寻找可以装载个人物品的袋子。这些用来装各种与女性社交活动有关的小玩意，如跳舞的卡片、日记、扇子、手帕、信件和访问卡等的袋子就称为手袋。早期的手袋主要是用丝线编织而成，大多为手工制作。编织的手袋可以用各种物品，如刺绣、珠宝、丝带等进行装饰，许多还被制成礼品或作为裙子的配件。

（三）大袋子

19世纪初，欧洲打开其世界交流之门，大型的旅游袋便成为进出欧洲的必需品。大袋子顺应而生。

（四）小盒子式的手袋、化妆袋

20世纪香烟的兴起，使得小烟盒成为女士们出席交际场所的一种装饰品，小盒子式的手袋也因此被大量地投放市场。1929年，好莱坞明星热使存放粉底、唇膏的化妆袋大为流行，各式的化妆袋，如贝壳、足球、门锁、花瓶及鸟笼形状等一一涌现。

（五）购物袋和单车袋

第二次世界大战期间，手包的设计更加重视实用性。由于物资短缺，手包变得非常昂贵。女士们的袋子都采用了粗糙的帆布料，当时的设计师设计出了一系列的购物袋和单车袋。

第二次世界大战后，随着经济的复苏，女性重新恢复了优雅的风姿与性感，不强调实用而女性味十足、纤巧的手包开始与新的服饰样式同时出现。同时在包袋行业里出现了好几个名牌，如Chanel的金链挂肩带包袋设计，成为当时品位的象征；LV的水桶型包袋用以承载香槟，大获好评；Dior也推出经典时髦的藤纹格系列手袋。

20世纪中期以后，随着人们的生活被各种新事物充斥，包袋不仅在风格上变得更缤纷多彩，而且手提电脑箱、相机袋以及手机袋等新型包袋逐渐成为年轻人的宠儿。同时，随着科学技术的革新，由现代材料制成的包袋也应运而生。这些新材料包括闪光的塑料、防水聚氯乙烯、乙烯基、透明塑胶以及各种合成织物，包袋也因之变得丰富多彩。无论何种风格的服饰，现代都市男女都可以挑选出与之搭配协调的包袋样式。

二、包袋的种类

包袋的款式很多，可以按用途、装饰方法、造型、材料、风格等进行分类。其中按用途分类的方法最为普遍，因为包袋的用途决定包袋的造型及包袋的大小、材料、装饰等。常用包袋可以分为以下几个种类。

（一）公文包

公文包（见图4-8）也称公事包，通常为职业人员上班时携带的一种包型。公文包的包体适中，造型简洁大方，坚实挺括，表面无多余的装饰，多用真皮制作，也有用轧花皮革缝制的。包内通常分几大格，专门存放纸张、计算器、卡片、圆珠笔、文件、公文信笺等。公文包的款式大多方正规整，色彩以暗色为主，携带方式包括拎、背、夹等，一般与正式的上班着装相配。

图4-8　公文包

有人说，公文包承载了男人全部的成就感。不难设想，一个时尚的男士如果没有一个得体的公文包，他手上的东西再有价值也会显得琐碎。相反，一个独具品位的公文包总能给人一种沉甸甸的分量感，在稳重与大方之中透着优雅、淡定，在华贵与轻巧、深与浅的对比之间，将时尚元素与卓越的气质完美融合，彰显尊贵品位，成就主人与众不同的生活品质。

（二）背包

背包（见图4-9）分双肩背包和单肩背包，有方底和圆底两种。背包是人们外出旅游时携带的一种包，可根据外出路程的远近选择背包的大小及背包上口袋的位置。一般情况下，较远的旅程背包体积大、口袋多、结实耐用，类似军用背包；富有休闲味的背包则适合较近的旅程使用。

（三）拎包（手提袋）

拎包（手提袋）（见图4-10）是职业女性上班、访客、外出时携带的一种较正式的包型，也叫女士包。它的包体不大且不厚，比较轻巧精致，装饰简洁大方。它的材质、颜色、款式都与职业女性的着装相配，以突显其身份。

图4-9　背包

图4-10　手提袋

一只手提袋就是女人的一个小世界，手提袋代表着一个女人心中的浪漫与柔情，也收藏着思考、追求和情趣。手提袋之于女人，永远有着巨大的魔力。它不再是单一的配饰，其本身的时兴度及与服饰间的搭配已经上升到关乎个人品位的程度。对很多女性而言，一个漂亮又独一无二的手提袋常是全身装扮的画龙点睛之笔。当内在的优雅气质与手中迷人的手提袋完美出镜时，女人的品位、修养与风韵自然也像花儿一样绽放。

（四）手包

手包（见图4-11）是一种装饰性很强的包，它的包体不大，一般为女士出席宴会等正式社交场合时所携带。手包通常采用人造珠、金属片、刺绣图案、花边、金属丝等华丽的装饰，其设计风格也最为丰富和突出。
大手包时髦，小手包典雅，高贵简洁的线
条、华丽的细节、炫目的设计，都令人印
象深刻。雅致的手包，不管是黑色的还是
金色的，只要搭配得体，总能为女性增光
添彩，衬托其独特的气质。

图 4 - 11　手包

（五）沙滩包（购物包）

沙滩包（见图 4 - 12）是一种休闲味很
浓的布包，常在外出游玩、购物时携带。
其多采用棉布、麻布、牛仔布、草等材料
制作。沙滩包的体积大，并常采用拼接、
刺绣等多种装饰手法。沙滩包与便装搭配
最为适宜。

（六）化妆包

化妆包（见图 4 - 13）是女士专门用来装化妆品的一种包。化妆包常用棉布、绸缎等
面料制作，并多用花边缎带等装饰，有时化妆包里还装有一面小镜子。贴心时髦的化妆包
就像是女人的"百宝箱"，承载着女人的美丽和梦想。

（七）钱包

钱包（见图 4 - 14）是用来装零钱、名片、信用卡等物品的小包，它的包体小，较薄，
可拿在手中，内有夹层。钱包常用各种皮革制作，一般放在服饰内袋或随身携带的包内。

图 4 - 12　沙滩包

图 4 - 13　化妆包

钱包，有时是了解一个人生活习惯的窗口，通过它大致可以探读到这个人内心的故
事。比如，人们通常的习惯，就是把自己最珍爱的人的照片，小心翼翼地收藏在自己随身
携带的钱包里，让她（他）与自己如影相伴。

（八）行李包（旅行箱）

行李包（见图4-15）是一种体积较大的包型，可在外出旅游时装行李用，分为手提式和双肩式，它的特点是结实，可容纳较多物品。手提式行李包一般用皮革、牛津面料制作。双肩背式行李包常用防水面料制作，自身重量较轻且耐磨。

生命是一段自我发现的旅程，因此，人们需要一个好的旅伴。旅行箱虽然不是一次旅行中的主角，但却是一道不可缺少的风景。一个旅行箱就是一个归宿，就像是跟你四处奔走的家。时光如水，很多东西都会随时间的流逝而消失，唯有旅行箱跟随着主人，与主人一起守候着每段记忆，也许那仅仅是天涯孤旅中的一片云、屐痕处处中的一个小小的插曲，但它留住了珍贵的旧日子，在岁月中散发着一种温馨、一种对美好时光的回忆。

（九）斜挎包

斜挎包（见图4-16）是一种包体不大且薄的包型，单肩挎式，背带较长。其制作材料很丰富，各种皮革和面料都可以，也可以用编织材料制作。包体上的装饰形形色色，有刺绣、流苏、穗子等。

斜挎包让人感觉很酷，斜斜一挎，解放双手，颇有波西米亚式的颓废派文人风格，可以让自己在休闲惬意之中徜徉。如今，斜挎包的造型异常丰富，两极化非常明显，从超大的斜挎包到精巧时髦的小挎包，每一种都风格独特。钟爱斜挎包的女人有着清新聪颖的气质，带着开朗直爽的个性和灵动的眼神，会在色彩搭配上突出自己的俏丽，使美丽与闲适的情调自然流露。

图4-14 钱包　　　　　图4-15 行李包　　　　　图4-16 斜挎包

三、包袋与服饰的搭配关系

在审美实践中人们认识到，包袋的艺术价值是与服装分不开的。服装和包袋一经穿戴，便成为人们外表的一个组成部分，烘托、陪衬和反映着人们的内在气质。如Carlos Osman Gomez（意大利皮具设计师）专注于包袋设计，有为意大利数个著名品牌设计手袋的经验。他为Gianfranco Ferre的服饰设计包袋的方法，就是从成衣方面吸纳元素，设计与高级服饰最为接近的包袋。Gianfranco Ferre的时装一直以完美的设计、自信利落的风格而闻名世界，因此包袋设计首先考虑选用考究的材质，以便包袋在大多数时候与衣服的风格样式相称。

包袋在整个服饰搭配中充当一个配角的角色，它可以分割服饰的空间，但是应当注意的是，它在服饰中只是起衬托和点缀的作用，切不可平分秋色、喧宾夺主。包袋作为饰物的一种类别，同其他饰物一样，在搭配风格上需求得与服装风格的一致。除此之外，服装与包袋在款式造型、图案色彩、面料质地上都要相互呼应，体现整体设计思路。因为包袋设计与服装设计是相互作用的，只有当两者高度协调和统一时，它们的美感才会充分展现出来。

一般来讲，包袋与服装的协调、统一体现在以下三个方面：

（一）造型上呼应

一件包袋的设计是以服装的造型作为前提和依据的，而服装造型又是根据人物自身的风格与要出席的场合来确定的。生活中，人们通常是哪种风格的包袋搭配哪种风格的服装。

包袋的选择，具体来说要注意以下几点。首先，要根据人们的体貌特征确定包袋的风格。体貌特征主要由五官、身材、性格决定，根据体貌特征的不同可以将风格分为三大类：五官、身材线条柔和，性格柔美的为女性风格；反之为男性风格；介于两者之间的为中性风格。女性风格的人，穿着娇媚柔和的时髦服装，搭配女性化的服饰，如花朵造型的包袋或珠绣小手袋，能给人典型的小家碧玉的形象。男性风格的人穿着中性色调、中性款式的西服套装，搭配直线造型的服饰，如帅气、利落的包袋，能显出干练的白领气质。中性化的人可介于这两者之间选择，如选用色彩跳跃的运动装搭配动感十足的双肩包，显得青春焕发、活力四射。其次，要根据人们所处的环境和场合来选择相应的包袋。也就是说包袋的选择要考虑到不同场合中人们着装的需求与爱好，以及一定场合中礼仪和习俗的要求。如身着款式构成较为考究的晚礼服参加晚宴盛会，要求包袋精美别致、珍贵高雅、做工精湛，如此才显得仪态大方、气质不凡。便装的款式构成较为简洁大方，与之相配的包袋设计也要随便和自然。穿着职业装时，要根据本职工作的具体条件选择包袋，一般要适度大方，显出职业女性的热情、干练、精明、庄重。而外出旅游观光的女士则应选择简练利落、携带安全且比较便利的包袋。另外，包袋的搭配在符合人物自身的着装风格与所处的环境后，还可以在造型上利用微妙的对比手法使服装在包袋的衬托下更具魅力。如当服装的外轮廓以弧线为特征时，包袋的造型可以有两种情况：一种是与服饰的线条相一致，以曲线为主；另一种就是与服装的弧线成对比，多用直线。

（二）色彩上配合

色彩是我们整体形象包装中面积最大的元素，它给人的视觉冲击力最强。包袋作为服饰配件中重要的一项，常常在整体的服饰色彩效果中起画龙点睛的作用。在服装色彩单调和沉稳时，可以用鲜明而多变的包袋色彩来点缀，使之活跃而富有变化；在服装色彩华美和强烈时，可以用单纯而含蓄的包袋色彩来调节，使之缓和且具平衡感。包袋的颜色应与服装的颜色紧密搭配，在统一中寻求变化。

一般情况下，包袋色彩与服装的搭配方法有如下几种。

统一法就是将服装与包袋统一在一种色调中。整体考虑服装与包袋组合后的色彩统一性，就能出现意想不到的整体美。

衬托法是在色彩设计中，为了达到主题突出、宾主分明、层次丰富的艺术效果而采用的方法。如服装为单色，包袋则可以是有色纹饰；如服装绚丽多彩，包袋则可以是黑色；又如在素净的冷色调服装中，用暖色调的包袋可使色彩显得高雅而有生气。这种衬托运用会在艳丽、繁复与素雅、单纯的对比组合之中显示出秩序与节奏，从而起到美化着装形象的作用。

呼应法是色彩整体搭配中能起到较好艺术效果的一种方法。任何色彩在整体着装搭配上最好不要孤立出现，需要有同种色块或同类色块与其呼应。如发结为玫红色，包袋也可选用此色；腰带确定为明黄色，包袋和鞋也可以用明黄色。各方面在呼应后，才得以紧密结合成统一的整体。

协调法在色彩对比与和谐关系上、色彩与色彩之间的缓冲过渡与衔接上非常重要。如果上衣橘色，裤子是藏蓝色牛仔，就有视觉冲突感，但若配以白色的沙滩包，就会使强烈的冷暖对比协调起来。

总的来讲，在服装与包袋的色彩搭配中要满足整体效果的需要，而这种效果又与人们的性格、气质、生活习惯、爱好和情趣有着密切的关系。

（三）材质上搭配

材质是体现造型的物质基础，材质不同，其表面肌理、手感、光泽不同，做出来的包袋风格也不同。如包袋采用野性而又奢华的蛇皮纹理材质，能让携带者显得高贵出众。前卫和酷感的包袋则大量采用铆钉、拉链、链条、锁扣等金属装饰物，有的行军感强烈，有的摇滚味十足。塑胶包袋则使女性富有新鲜而精彩的时尚感觉，其清爽透亮、手感亲切，且易于去污养护。编织的包袋就像帽子和围巾一样能给人以温暖亲切的感觉，适合秋冬季节使用。

由于包袋的材料选用范围相对于服装来说更广泛，因此在包袋的设计中，合理地选用材质，运用不同材料的质感对比，是完成设计的必要手段。包袋与服装的搭配可根据不同的需求心理、审美情趣做相应的改变。例如，当服装的面料较为细腻时，可选择质感粗犷而奔放的包袋，也可选择质感硬挺的包袋；当服装面料较为厚重而凹凸不平时，则可选择一些肌理光润柔滑的手袋，与服装面料形成鲜明对比。总之，从服饰的整体材质效果来看，两者之间既可相互对比也可相互补充，既可相互衬托又可相互协调，在搭配变化中产生出一种特有的视觉美感。

包袋与服装搭配时，不论造型、色彩，还是肌理材料，都是围绕服装的个性和特征来表现的，也只有这样才能真正传达出服饰的内涵。总之，一个无可挑剔的包袋，应既与整体风格相配，又具有独特的个性。

四、包类艺术漫谈

（一）经典手袋巧搭配

如果你拥有炫彩的靓装，却没有适合的手袋与之相配，就一定会有所缺憾。意大利的一位设计师曾说过："我一向对配件着迷，因为对于整体风格的搭配，配件具有最后决定性的影响力。"选对一款合适的手袋就可能让自己成为聚光灯下的焦点。

一只美丽的手袋，好比灰姑娘的水晶鞋，拥有它，你就成了王子的心上人。既然注定女人与手袋形影不离，那么研究一下如何选购和搭配手袋就是必修功课。

① 手袋与仪态。手袋的拿法与女性的仪态有着密切联系，除了挎、提、拎之类的常规动作，近年还出现了像捏快餐纸袋那样轻巧地捏住、将链条随意缠绕在手腕上的动作。另外，挎小型肩带包的时候可稍用腋下固定手袋，避免袋身前后乱动；手提包则应挽在手臂，手肘自然靠着腰线；无拎襻的手袋被单手抱在胸前，或手垂下拿着自然地托于靠近大腿的位置。

② 手袋与身高。宽大型的手袋正流行，但如何选择也要根据身高而定。如果身高在165厘米以上，应尽量选择全长约60厘米、可竖着装进一本杂志的手袋；身高在158厘米以下的话，则应选择全长约50厘米、可横放一本杂志的手袋，以便拉长身材比例。

③ 手袋与皮革。常见的天然皮革在大拇指的按压下会出现细密的纹路，等级越好皮革的弹性和饱满程度也越好。常见的山羊皮花纹呈波浪形排列；黄牛皮纹路密致，毛孔呈不规则点状排列；猪皮则表面较粗糙，花纹通常是三个毛孔一组分布，可硬可软。

④ 手袋与手工。选定了手袋的款式后，还要仔细检查手袋的表面和夹层是否有未缝合的地方，背带的连接是否坚固；如有金属配饰，一定要了解其材质是否容易褪色、拉链和纽扣的功能是否完善等。这些都是选择手袋时不可忽略的步骤。

目前，市场上流行的手袋不论在款式、颜色还是材质上都极具突破性。款式方面，有些缀上珠子、亮片、花饰、蕾丝，也有刺绣或缀上流苏的；颜色方面，用色非常缤纷抢眼，有些手袋在同款式设计中选用不同的色彩相互拼贴，连接成不同色块；材质方面，普遍受欢迎的有仿皮牛仔布、丝绒、花布、丝缎、麻、藤等制成的手袋。

（二）手袋潮流新看点

低调奢华手袋，简单的设计，沉稳的颜色，考究的皮质，不耀眼，低调而华丽，但是矜贵尽显，以流畅的线条与简单扼要的表达深受现代知性女人的喜爱，因为它的简洁与高雅代表了智慧与品位。

性感豹纹手袋，不仅显示本色，更呈现出多种色彩效果，这使得这个狂野元素焕发出年轻活泼的新风格。豹纹可以可爱，可以成熟，但性感的气息总逃脱不掉。有豹纹装饰的手袋，除了与生俱来的性感，更有浓浓的复古味道。

前卫利落又简洁新潮的手袋，若是与略带科幻设计的礼服搭配，那必然是浑然天成、动感十足、不落俗套。

时尚拼接手袋，有的用真正的动物皮，有的则用模仿的图案或肌理，还有的是以动物造型为灵感。拼接手袋是摩登女郎的选择，日用夜用总相宜。温暖的色调适合春夏季节，如果在秋冬搭配则可以成为全身服饰的亮点。

优雅娴静手袋，独特的设计风格，颜色淡雅，辅以蝴蝶结造型，轻松打造淑女风貌，让人增添更多的优雅气质。

华丽炫目手袋，大颗的水晶嵌满小小的皮包，想不招惹目光都难，在灯光下散发出灵动的光芒，更像是一件风格奇特的饰品。

艳丽格调手袋，花哨的几何图案与跳跃感十足的色彩搭配，握在手中足够精彩。手袋上呈现朵朵立体玫瑰，可见设计师对包款配件的重视与用心，小巧的造型也让整体更添迷人的韵味。

精巧晚宴手袋，要出席晚会或参加派对，如果没有晚宴包，估计都没办法潇洒出门。女人离不开一个做工精巧的晚宴包。如今的晚宴包设计大走奢华精致路线，无论是面料、造型、工艺，还是装饰，都是如此精细华美，让人爱不释手。

复古扣手袋，复古扣的设计，打开的那一瞬间能让人感到优雅、妩媚至极，那是一种审美的体现，光芒四射的奢华感、毫不遮掩的华丽表情，给人以视觉享受，是晚宴包里的中坚力量。

动物皮纹手袋，大多数女性都怕动物，比如蛇、鳄鱼等，但却十分青睐用这些动物皮纹或仿这些动物皮纹做出来的手袋，无法抵御其诱惑。

漆皮元素手袋，闪亮的漆皮总是会让时尚美眉怦然心动，即使暂时不想拥有，也想多看两眼，各种色彩的漆皮通过不同的造型风格给人以强烈的视觉冲击效果。

（三）时尚百搭斜挎包

斜挎包是绝对的休闲品，在选择搭配时一定要注意整体着装，以达到风格上的协调统一。如果你是淑女，那么优雅的碎花和格子斜挎包都比较适合你，手提包和单肩挎包也是你最好的搭档；女人味十足的性感装扮搭配超大型斜挎包，别有一番滋味；可爱的学院风装扮搭配小巧玲珑的斜挎包，活泼甜美。总之整体搭配协调统一才能显示不凡风采。

肩带的长度要适宜，太短显得拘谨，太长又显得颓废。调整带子的长度使包体的上沿贴近胯部以下 10 厘米的部位，才会显得既舒服又有型，给人跳跃感的挎包会让全身搭配立刻生动起来。

因为斜挎包采用的多为软性材质，如果塞入的东西过重，是极容易导致变形甚至损伤的。所以，如若嫌包囊瘪陷不美观，谨慎的做法是通过填塞纸团等轻物让它饱满起来。绝大多数斜挎包的肩带都是可以调节的，少不了各种金属钎子及铆钉，对心爱的包包进行清洁维护的时候要记得正确护理这些金属配件，否则一旦它们生锈，包包和人的整体形象就要大打折扣了。

（四）男士公文包

公文包，被称为商界男士的"移动式办公桌"，是其外出之际须臾不可离之物。对穿西装的男士而言，外出办事时若手中少了一个公文包，未免会使其少了神采和风度，而且其身份往往也会令人质疑。

作为一个男士，拥有一个质量上乘、有品位的公文包是非常重要的，它象征着一种身份、地位和个人的品位。所以，一款搭配合适的公文包对一个男士来说，是全身的画龙点睛之笔，绝对不可小视。

商务男士已然习惯了一丝不苟的正装修饰，在精心挑选或定制了西装后，一款配合精妙的公文包必不可少。

在日常工作与生活中，每一名商务人员均离不开皮包。使用于正式场合的公文包，非常讲究与其使用者整体服饰的搭配，下述各点尤须重视。

第一，颜色的搭配。商务人员所使用公文包的颜色，一般应与自己整体服饰的主色调相似。有时，也可令其与自己所穿着的服饰的颜色呈对比色。在特别正式的商务交往中，有一条特别的讲究，那就是商务人员所使用公文包的颜色，最好要与其同时穿着的皮鞋的颜色相一致。在常规情况下，黑色、棕色的公文包是最正统的选择。

第二，质地的搭配。男人的公文包就像男人的皮鞋和皮带一样要格外精致，细节一定要到位。使用公文包时，应有意识地使自己同时使用的各类包袋皆为皮质，并且最好搭配皮鞋。不然的话，就会有碍服饰的和谐统一。

商界男士所选择的公文包有许多特定的讲究，它的面料以真皮为宜，并以牛皮、羊皮为主。一般来讲，棉、麻、丝、毛、革及塑料、尼龙制作的公文包，难登大雅之堂。它的色彩以深色、单色为好，浅色、多色甚至艳色的公文包，均不适合商界男士。

第三，款式的搭配。使用公文包时，还应同时使其与自己的其他服饰在款式上风格一致，要么都是商务款，要么同为休闲款。除商标之外，商界男士所用的公文包在外表上不宜再带有任何图案、文字，否则是有失身份的。最标准的公文包，是手提式的长方形公文包。箱式、夹式、挎式、背式等其他类型的皮包，均不可充当公文包之用。

第四，整体的搭配。在任何情况下，选用公文包时，皆应使其服从于自己服饰上的整体搭配。对于使用者的年龄、身份、身高等，均应予以考虑。

黝黑肥硕的公文包，要注意选择稍微鲜艳的领带搭配，而衬衣的领口以白色高领为佳。便携轻盈的手拎公文包，适合修身板型的正装。包上略显夸张的细节设计会突出手拎公文包的轻盈质感，同时会让人具备活力。较大的黑色箱形公文包，要注重正装衬衣的选择，以白色高领的衬衣为佳。同样，手表的选择要注重银色质感，黑与银色的细节对比是完美的开始。方形双层手提公文包有着怀旧的味道，表面特殊的褶皱肌理注定要成为主角，建议选择稍宽松板型的正装，颜色以中性色为主，如灰色、灰蓝色等。夸张的双手带旅行公文包同样商务味十足，建议选择竖条纹正装，款式方面以双排扣戗驳头为最佳，挺拔的竖条纹会校正硕大提包与人体的比例。单肩信差公文包以它的轻松随意备受青睐，建议正装选择传统经典的三件套，因为这样的装扮可以平衡邮差包带来的过分休闲的感觉。圆筒状双带提公文包可以改变传统的正装体形，造型上具有运动感，有无限活力，建议选择几何竖条纹的衬衣来点缀正装，这样才不会显得突兀。

公文包不仅是装文件和各种零碎东西的必需品，还是个人风格的重要体现。它的款式、外观能够将你的个性表露无遗。高品质的公文包应该是经久耐用的，远非任何潮流所能取代。拥有最基本的颜色和款式、包身柔软、有肩带的邮差式公文包现在使用得越来越普遍。它便于携带，装、拿东西方便。虽然背起来可能会弄皱西装，但它仍不失为上班或在较随意的工作环境中的首选。

对于要求学者派头或从事律师方面工作的年长者，稍显陈旧的公文包会赋予你一种威严的气度，但是拿在年轻人手中就会显得过于邋遢随便。刚刚工作的年轻人应该买一个新的公文包，让它随着经年的辛勤工作同你一起变得越来越老道。

不同性情的人对公文包的偏好也不大相同。新闻媒体界的个性男士喜欢选择时尚型的公文包，这种包扁扁大大，放一台手提电脑还绰绰有余，但它很轻便，里面有许多隔层，可以将资料、笔、名片、手机、私密性的物件放得妥妥帖帖，让你做个有条不紊的型男。

当然，质地一般以皮为主。

男士的公文包求质不求量。特别是成功男士，更需要用高品质的公文包来表现自己。白领阶层的男士喜欢用方方正正的牛皮公文包，里面设计合理，各种物件的设置一应俱全，再琐碎的东西也能找到它的位置。拎着这样优质得体的公文包外出办公、会见客户，都会带给男士一份信心与可靠感。

男士公文包几乎装着男人们的全部成就。繁忙的工作让现在的人与人常常是一面之交，因此，人们对一个人的社会地位和实力，常常从外表上来匆匆判断，再有价值的东西随随便便裹在纸里、拎在手上也会显得廉价。而拎一只合体优质的男士公文包，会让人感到它的主人有着沉甸甸的分量和稳重成熟的品质，令人肃然起敬。

第五节　腰带、腰链搭配艺术

一、腰带

腰带是扎系于人体腰部的各种带子，具有固定、提拉下装、束腰塑造服饰造型的作用。早在上古时期，人类就用葛藤、兽筋等材料扎于腰部，将树叶和兽皮掩盖在人体上，以达到遮羞、御寒的作用。在长期的发展过程中，腰带具有实用性和装饰性的双重功能，同时也被赋予了许多象征意义。尤其在阶级社会里，腰带被视为身份、等级的标志，代表了人所拥有的财富与地位。

（一）腰带的种类

腰带种类繁多，总体来说有两大类：一类为实用性腰带，一类为装饰性腰带。但根据不同的功能、造型、材料、制作工艺，腰带又可以细分为以下不同的类型。

根据材料划分：皮带、塑料腰带、金属带、草编织带、各种纺织面料腰带等。

根据制作工艺划分：编结带、压膜带、雕花带、链式带、拼条带、缝制带等。

根据腰带功能划分：束缚带（矫形）、运动带（保护）、装饰带（美观）等。

图 4 - 17　腰带的种类

（二）腰带与服饰的搭配

腰带自其产生就与服饰有着密切的关系。在日常着装中，腰带具有提拉、固定、扎系服饰等作用。如许多大衣、风衣及防寒服等经常配有腰带，在寒冷季节可以增强服饰的保暖作用。同时，腰带的运用也可以改变服饰造型，它比较突出地表现在宽松性服饰中。如一些宽松的衣服看起来像一个袋子，如果用长长的细带自由地缠绕腰部，便可显现出腰部的曲线。

腰带对于服装除具有实用作用外，更重要的是能够装饰、美化服装。虽然腰带暴露的部分很少，但往往是整套服饰的视觉中心，能起到画龙点睛的作用。现在人们更加关注腰带的装饰性，在这股潮流推动下，腰带的设计比以前更夸张，种类也更丰富。但是要使腰带达到装点服装的效果，必须注意腰带与服装的搭配。

1. 腰带与服装风格的搭配

在服装风格多元化的趋势下，腰带也应该与服装的风格相一致。在优雅风格的晚礼服上，配以丝绸类花饰腰带、镶嵌宝石的金属链式腰带、珍珠类宝石材料相串的腰饰等，会为女性的优雅增添几分华贵；在简洁、干练风格的职业套装中一条随意系在腰间的丝巾，可以令女性在沉稳中透出飘逸与潇洒；在街头另类个性的风格中，低腰裤、露脐装所暴露的空间正好为腰带提供了展示的舞台，使之成为最炫目的饰品。

2. 腰带与服装色彩的搭配

腰带的选择、佩戴应与服饰的色调相协调。采用与服装对比颜色的腰带可以起到强调的作用，像单色服装可配对比强烈或鲜艳的腰带。当上衣与下装的色彩互无关联时，可使用腰带来调和上下的颜色，起到协调作用，如穿白色上衣配紫色的裤子，要想让全身看起来协调，可在腰上配一条白色的腰带。服装的色彩很丰富炫目时，可以用腰带减弱色彩，如穿花色衣裙的女士选择与服饰色相一致的某一素色腰带，会产生较佳的效果。还有黑色、白色、棕色腰带，可以与不同色彩的服装搭配。

3. 腰带与服装材料的搭配

根据服装材料的肌理效果，可以搭配同质或异质的腰带，形成不同的视觉效果。如金属制的腰带与有光泽质感的高档丝质服饰搭配，显得华丽、和谐；同时，将金属腰带与粗糙的、破旧感的牛仔装相配，则能使材料肌理产生强烈的反差，富有创意与个性。

4. 腰带与服饰场合的搭配

根据人们着装场合的不同，腰带的选择也不同。在高端酒会中，高贵、飘逸的礼服需要搭配雅致、高档的腰饰，如用方链形的金属腰带松松地系垂在腰上，非但没有破坏原有的柔美曲线，反倒增添了几分性感。在办公场合里，中性风格的腰带比较适合办公室的氛围。而在日常休闲场所，腰带的选择则更加随意，如可以在逛街购物时带上一条骨质腰链或是用一条更显创意的珠子腰链，在旅游远足时可以给牛仔、休闲装加上一条帆布宽腰带或有流苏装饰的编结带。

5. 腰带与着装者身材的搭配

配系腰带必须根据身材做出选择。一条与着装者的身材相协调的腰带能勾勒出人体腰际至臀部的美妙轮廓，增添服饰的美感。例如，个子较矮的人应选择与服饰色彩相一致的腰带，这样能显高，如以黑底小白花连衣裙配黑色腰带。个子较高的人，则要系扎与衣服呈对比色的腰带，如穿黑色衣服可配白色皮带。腰肢粗圆、身材胖大的人应系扎和衣服颜色一致的腰带，并切忌使用过宽的腰带或将腰部系得过紧。腰身长、腿部较短的人要注意腰带的颜色应与下身裤装或裙装色彩一致；腰身较短的人则可选择与上衣颜色一致的腰带。

二、腰链

腰链集妩媚与活泼于一身、合灵动和高贵于一体。腰链品种大多为珍珠腰链、金属腰链、丝带腰链、红绳腰链等，因为这些腰链充满着简约柔美的风格。

腰链的搭配技巧：牛仔裤装和各种裙装是这些腰链的最佳"搭档"，因为，这些裤装和裙装的垂感很强。喜欢穿裙装的则搭配纤细的金属细腰带；喜欢穿牛仔裤的则搭配晶莹的珍珠宽腰带；喜欢穿连衣长裙配珍珠或金属或丝带腰链会熠熠闪光，看上去曼妙多姿。

在佩戴这些腰链时，要注重其角度和方位。宽腰带所处的最佳位置为腰际中部；细腰链则可依照个人的喜好或系在低腰或系在中腰，以凸显各自的气质特色。值得一提的是，有些人为吸引眼球，则在小蛮腰系上两条腰链，更显得卓尔不群。与此同时，系腰链很讲究"分寸"，概括起来就是一个"松"字，即在佩戴时，注意比自己的腰围宽出约 10 厘米，身体不会受到任何束缚。至于那些有流苏等饰品的腰链，悬荡在小蛮腰下，真可谓锦上添花。

第六节　鞋袜搭配艺术

一、鞋子

（一）女士鞋搭配

1. 正装鞋

船形浅口鞋是比较正式的职业装束搭配的鞋。它有方头和圆头的区别，跟高在 5 厘米以下，方形后跟。其中方头鞋最为正式，适合出访、工作时穿。圆头也是比较正式的搭配。

尖头船形浅口鞋（见图 4-18）一般是细高跟，它适合上班或下班后的聚会，它的线条可以说是高跟鞋中的佼佼者，非常能够体现出女人味，但是对腿部线条要求比较严格，搭配礼服类或带有时髦感的牛仔裤都可以。它在正装与休闲装之间游走得非常自然。

2. 休闲鞋

平底船形浅口鞋（见图 4-19）比较适合较长时间站立或需要跑来跑去的时穿，但是现在更多人把它与窄牛仔裤或拉链式打底裤搭配起来。它也非常适合逛街、访友或出游。

系带休闲鞋（见图 4-20）的款式较多，有从男士系带休闲鞋发展过来的鞋子款式，也有从球鞋类转换而来的时尚款式，逛街、运动、休闲都可以穿。

3. 凉鞋

凉鞋的款式种类繁多，有系带的、高跟的、坡跟的、人字拖等（见图 4-21）。不管什么样的凉鞋，都要根据自己的体型来搭配。如果属于那种大腿较粗的人，过于高的高跟鞋会使人显得摇摇欲坠，不适合穿，中等高度的搭扣坡跟凉鞋是不错的选择。另外过于瘦小的体型则不适合穿着样式笨重的坡跟鞋，它会让你看起来像是踩着高跷在走路。

 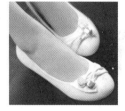  

图 4-18　正装鞋　　　图 4-19　浅口休闲鞋　　　图 4-20　系带休闲鞋　　　图 4-21　凉鞋

4. 靴子

绑带短靴（见图 4-22）是牛仔裤的最佳拍档，当然也可以搭配复古的毛呢长裤。

浅口短靴（见图 4-23）是一款露出脚踝的靴子，尖头较多，与牛仔裤和打底裤搭配时比较干练。

雪地靴（见图 4-24）最早起源于澳大利亚，最初叫作 Ugly boots，后来人简称 UGG。雪地靴是近几年最流行的鞋子款式，它并不像它的名字那样，一定是在下雪时穿着，有时甚至在春季都可以穿着，搭配打底裤、牛仔裤是首选，一定要将雪地靴的毛毛质感穿出来。

马丁靴（见图 4-25）品牌 Dr.Martens，是全世界公认的马丁靴的始祖，也是被公认的全世界最舒适的靴子品牌之一。马丁靴有低帮、中帮、高帮 3 种，最早是英国为军队和警察提供的靴子款式。20 世纪 70 年代朋克诞生以后，马丁靴又成为街头文化的代表。马丁靴很耐穿，它的底部是 Air Wair 鞋底设计，舒服耐用，是多年来一直吸引人们的原因。马丁靴在现代的时尚圈是很多靴子爱好者的必备收藏品。马丁靴可以在登山、野营时穿，比较中性的服饰、街头感的服饰、休闲服都可以搭配马丁靴。

长靴（见图 4-26）是秋冬季节的百搭品。它介于正装款式与休闲款式之间，在冬季，既能展现美丽的腿部曲线又可以保暖的就是长靴了，短裤、裙子、小脚牛仔裤等都可以与长靴搭配。高跟的款式更女人味一点，而平跟的款式休闲味更浓郁一些。

过膝长靴（见图 4-27）是奢华的代表，除了具有长靴的优点外，还可以搭配背心式小晚礼服，但是裙长一定是在膝盖以上，好露出完美的腿部线条。它是对腿部线条有要求的靴子款式，皮草、牛仔裤、丝袜都是可以同过膝长靴搭配在一起的服饰。

总之，女士鞋子的种类繁多，与男士相比有许多的变化。

图 4-22　绑带短靴　　　　　图 4-23　浅口短靴　　　　　图 4-24　雪地靴

图 4-25　马丁靴　　　　　　　图 4-26　长靴　　　　　　　图 4-27　过膝长靴

（二）男士鞋搭配

1. 正装皮鞋

在商务会谈或上班等职业场合里，正装皮鞋是配合职业装不二的选择，但是正装皮鞋里，也有些款式稍稍带有一点休闲风格，比如搭扣平底便鞋与反牛皮系带鞋。

这里要说的是正装皮鞋几乎均为系带款，在鞋头部分有些微妙的变化，基本可以分为如下几种：

简约式鞋头（见图 4-28）：由整片皮制成，鞋面没有什么装饰。

汤提普式鞋头（见图 4-29）：鞋头前面有倒过来写的 W 造型，是复古的款式。

三接头鞋头（见图 4-30）：鞋面中间有一条直线或动感一点的拼接线，且有装饰线迹。

U 形鞋头（见图 4-31）：鞋头前面成 U 形拼接。

方形鞋头（见图 4-32）：鞋头切割成方形。

尖头鞋头（见图 4-33）：较受年轻人欢迎的流线型款式，时髦感强。

图 4-28　简约式鞋头　　　　图 4-29　汤提普式鞋头　　　图 4-30　三接头鞋头

图 4-31　U 形鞋头　　　　　图 4-32　方形鞋头　　　　　图 4-33　尖头鞋头

正装皮鞋的经典款式有如下几种。

光面系带鞋常是黑色小牛皮，皮料有光面的与普通皮面的，光面的更为正式些。这款鞋型属于完全保守型的，可以在办公室穿，可与古典型的西装相配，比如深色条纹西装，黑色、蓝色三粒扣西装等。

镂花系带鞋的面上有作为装饰的小孔，质地一般为光面牛皮，有绅士的味道，黑色和深棕色适合在办公的时候穿；棕色的显得潇洒随便，是休闲时候穿的式样，可以搭配质地不一样的休闲裤，比如棉质或灯芯线面料的休闲裤。

光面平底便鞋也叫懒汉鞋，脚可以直接伸进去，非常方便。有些人认为这种鞋绝对不可以搭配西装，但是并不完全正确，它可以搭配非正式场合穿着的西装，比如美式风格及意大利风格的不带胸衬的随意型西装，可以穿着于任何非正式的场合。

搭扣平底便鞋可代替系带鞋或平底便鞋配公务西装，当然它必须是黑色牛皮光面或皮面的，或者浅色鹿皮做的。它也适合十分休闲的场合，可以在去酒吧与朋友聚会时穿。

还有棕色系或黑色系反牛皮系带鞋。黑色系比较正式，是在秋季穿着非常好的一种鞋子款式，可以搭配格子毛料西服。

2. 休闲鞋

伯肯风格凉鞋（见图 4-34）是一种经久耐穿的鞋子。伯肯风格凉鞋最早是德国的平民必备鞋。1774 年开始，西德的 BIRKENSTOCK 家族就专门给君王大臣制造鞋子，并在 1913 年开始进行伯肯风格凉鞋的改良，制造出舒适方便又耐穿的伯肯鞋。它可以在度假时、休闲时穿着。

军靴（见图 4-35）是一种非常能够体现阳刚之气的鞋子款式，与那些喜爱军装风格的男士搭配是非常合适的。

帆布鞋（见图 4-36）耐磨耐穿。世界上第一双帆布鞋的名字叫 Converse All Star（匡威牌），甚至丢到洗衣机洗都没事，推出后广受欢迎，至 2008 年全球销售超过 6 亿双，创下全世界单一鞋种销售纪录。帆布鞋也是大男孩的首选，牛仔、摇滚与学院派都非常适合穿它。

系带休闲鞋（见图 4-37）一般是浅色橡胶底、磨砂棕色牛皮的款式，适合搭配夹克和比较休闲的衣服。

运动鞋（见图 4-38）分为普通运动鞋和时装运动鞋。普通运动鞋在运动时穿着，时装运动鞋则用来搭配休闲类的运动服饰。

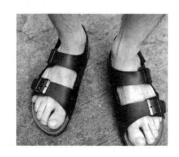
图 4-34　伯肯风格凉鞋

图 4-35　军靴

图 4-36　帆布鞋

图 4-37　系带休闲鞋

图 4-38　运动鞋

二、袜子

（一）袜子的历史

公元前 4-5 世纪，欧洲人开始用线手工编织袜子。到 8 世纪以后，袜子已被人们普遍使用。袜子有长有短，统一的特点是装饰多，如在袜口用刺绣、花边、珠子等装饰。中世纪后期还出现了左右袜子不同颜色的穿法。16 世纪末，当时英格兰的一位牧师发明了一种机械编织机，从而彻底改变了袜子手工制造的历史。袜口和袜跟装饰的三角形图案一直流行到第二次世界大战时期。

20 世纪初，由于成衣的普及，时尚观念被大众广泛接受。时尚已经不再是上流社会的特权，各个阶层的女性都加入了追逐时髦的行列。女装的造型发生了突破性的变化，充满了时代气息。女性也一改往日柔弱的外表，大大方方露出健美的小腿，因此，丝袜成为她们必不可少的配饰。但那时用来生产袜子的都是天然纤维，如棉、羊毛和真丝，这些材料在使用前必须经过细心地切割和缝纫，而且由于它们缺乏弹性，因此制造的耗用量极大，织出的袜子也很容易松垮。

1937 年，杜邦公司的一位化学师偶然发现煤焦油、空气与水的混合物在高温下融化后能拉出一种坚硬、耐磨、纤细并灵活的丝，这就是后来广为人知的尼龙纤维。尼龙的诞生引起了极大的轰动，它在袜子生产中的运用更是击溃了日本的真丝出口业。第一批尼龙丝袜于 1940 年 5 月上市销售，据说在短短几天中就卖出了几万双。

尼龙丝袜的出现无疑是袜子历史中的一个里程碑，但尼龙丝袜存在一个最大的缺陷就是缺乏弹性。1959 年，继尼龙纤维后，杜邦再次向世界贡献了一种具有优良弹性的人造纤维产品——莱卡。从 1970 年起，莱卡被正式运用到丝袜和连裤袜的生产中。

20 世纪 60 年代末至 70 年代初，迷你裙的诞生掀起了一场服饰革命。女孩们特别喜爱穿长度只到大腿上部的短裙。此时，丝袜再度显现出它的重要性。同时，迷你裙的出现也催生了另一个重要的发明——连裤袜，将原先的长筒丝袜与内裤结合在一起，免除了穿着短裙"走光"的危险。连裤袜一经诞生，就迅速占据了 70％的丝袜市场份额，直到现在，连裤袜也绝对是丝袜市场中的主力军。

高科技弹性纤维的运用也带动了丝袜编织工艺的改进，如复杂的提花及精工蕾丝、生动的条纹和鱼网纹的出现，甚至在丝袜中织入金属线和炫目的假钻等。高科技纤维莱卡的使用带动了丝袜染色工艺的提高，大大丰富了丝袜的色彩选择，如粉红、浅黄、暗绿等多种多样的色彩，使人目不暇接。

21世纪随着服饰个性化风格的发展，出现了丝袜回归热潮——黑色薄纱丝袜、鲜艳夸张的桃红色丝袜、手绘图案的彩色丝袜、金丝线编织而成的丝袜、暗黄色竖条纹丝袜等各具特色，丝袜成为表现时尚的主题元素之一。

（二）袜子的设计

袜子的设计关键是要符合脚型，所以在造型上没有太大的变化，而多在袜子的长短、图案、袜口装饰上强调变化。

袜子按长短分一般有短袜、中筒袜、长袜、连裤袜。休闲款式的袜子一般为短袜，最短可到脚踝骨。男袜一般为短袜，配西装的袜子稍长，可到小腿肚下方。中筒袜、长袜、连裤袜主要被儿童和女性穿用。中筒袜色彩丰富，多图案装饰，近年来较流行。

袜子的图案有多种工艺表现，如针织、印染、刺绣等。袜子普遍采用针织提花或镂空技术，设计这类图案要求对针织工艺比较了解。印染和刺绣工艺分别是指给袜胚印上或绣上设计好的图案。袜口装饰与变化的形式很丰富，有蕾丝花边装饰、花结装饰、刺绣图案装饰、袜口皱褶装饰、双层袜口装饰等。

（三）袜子与服饰的搭配

袜子近年来正向多样化、装饰化、功能化方向发展，被誉为"腿部时装"。袜子如果搭配不当，会破坏服饰的整体效果。

在日常穿着中，袜子的搭配要综合个人的体型、服饰风格等因素来考虑。

袜子与鞋子的色彩要协调。袜子的作用在于连接裙子与鞋子而不显唐突，浅色鞋宜配肤色或白色袜，深色鞋可以配深灰色、透明灰、透明黑色袜。当裙子为浅色时，无论鞋色深浅，均适合搭配肤色丝袜或有些许光泽感的透明丝袜。

袜子与体型要协调。不透明的袜子、色彩鲜艳的袜子、网眼袜子等强调腿形的袜子，适合小腿匀称的女性。个子矮、身长腿短或腿不直的女性，要避免强调腿与脚，不能选择白丝袜与白鞋，因为这种搭配很容易令人看上去又胖又矮。腿粗的女性，要避免穿到小腿肚的中筒袜和浅色透明发亮的丝袜。

袜子的色彩、图案要与服饰风格协调。如白色与珠灰的丝袜搭配高亮度的灰色或白色职业套装，素雅干净，能清晰地表现出女人冷静、智慧的职业个性。鲜艳的桃红、柳绿、宝石蓝等色彩绚丽的袜子，无论搭配运动感十足的彩色运动鞋，还是搭配装饰着亮片和绢花的无跟淑女凉鞋，都适合搭配表现年轻而活力充沛特征的着装，以显示出无拘束的青春魅力。

丝袜在穿着时，脱丝和破洞是非常不雅的，在日常着装中要特别注意。

男士穿袜子最重要的原则是讲求整体搭配。袜子的色彩、质地、清洁度可以展示男士内在的穿着品位。男袜材质多为棉和弹性纤维，白色和浅色的纯棉袜按惯例属于休闲类服饰，用来配休闲风格的衣裤和鞋子较合适。如身穿牛仔装和磨砂皮的轻便鞋时，就可以穿浅色纯棉袜，当然露出脚踝的穿法也日益成为潮流装扮。

穿正装时男袜的颜色应该是基本的中性色，并且要比长裤的颜色深。颜色与西装相配是最时髦、也是最简单的穿法，如灰色西装选择灰色的袜子、海军蓝色的西装配海军蓝色的袜子、米色西装配较深的茶色或棕色袜子等。另外，要确保袜子的长度不至于在坐下时，或是一条腿搭在另一条腿上时露出腿部的皮肤。

第七节　发型、化妆搭配艺术

发型和化妆从严格意义上讲并不符合服饰配件的定义。这是因为它们不属于与服饰搭配的物品，但由于发型的可塑性和化妆色彩的可变性，在迎合服饰整体风格、服饰整体色彩中起着非常重要的作用，成为服饰形象设计的组成部分，因此人们也往往把它们列入服饰配件的范畴。

一、发型的特点

发型是指头发的造型艺术，是由线条组合而成的形态，具有可塑性强、提升形象气质、修饰脸型的特点。

① 发型具有可塑性。发型的可塑性体现在三维空间设计上，具有一定的独立性。可根据服饰的要求及人物的发质设计出各种造型，使之与服饰相配套相协调，如束发、辫发、盘发等。

② 发型可以改变人的形象与气质。发型与服饰、身高、脸型相协调，可以突出人的气质，增加整体美感，如优美的卷发能够充分展示女性特有的气质，长直发突出女性的风度。

③ 发型可以弥补修饰脸形的不足。发型具有弥补修饰脸部的作用，如将头发进行修剪使其具有层次，可以弥补脸形的不足。特别是中长直发可以用脸部两侧头发覆盖颧骨线，使宽脸产生一种变窄的视觉效果。

二、发型与服饰的搭配

（一）发型的种类

发型的种类有很多，按发丝的长短可分为短发、中长发、长发；按发丝的造型可分为卷发、直发和束发等。

1. 按长短分类

短发：短发的形式多样，有直短发和卷短发，根据不同的发型进行有层次的打薄与修整，多体现干练、清爽、前卫的现代女性风格。

中长发：发丝长至肩部左右，可塑性较短发大，可直可卷，风格多样。

长发：发丝长至肩部以下，能更好地营造出女性气质，或清纯温婉，或优雅浪漫。

2. 按造型分类

卷发是通过化学制品的作用使发丝产生弯曲，给人一种柔软、蓬松之感，具有浪漫的气息。

直发看似简单，但其造型形式多样，有圆弧形、月亮形以及对称和不对称式等，有拉长脸型的作用。

束发可简可繁，大体分为生活型、晚宴型、新娘型，如马尾辫、盘发等，适用于中长发和长发。

总而言之，发型的设计是长度与造型的结合，二者缺一不可。完美的发型才能更好地衬托出装者的品位气质（见图4-39）。

图4-39　不同长度和造型的发型

（二）发型与服饰的统一

发型能够表现一个人的精神面貌，反映着一个人的气质。在不同的时间、地点、场合，要根据不同的服装要求梳理不同风格的发型。发型是为衬托服装的，只有迎合了服装的风格、色彩，才能真正达到完美的效果。

在商务活动中的着装一般是半正式服装。服装的搭配讲究的是自然、简洁、和谐，配饰不多。发型的梳理应是简洁大方，不可过于花哨。可根据着装者的脸型设计短直发、卷发或束发等。

身着高贵典雅、色彩亮丽的礼服参加晚宴时，将头发梳理成盘发造型，能够烘托服装的华丽，衬托出着装者的高贵形象。

休闲是在业余时间闲散状态下的自我放松，因此休闲时所穿服装比较随意、舒适、便捷，款式造型十分自由。在身着休闲装时，可把发型梳理成比较随意的、具有个性化的风格。

对时装发布会上的创意服装，化妆、发型都尽可能地迎合其设计理念，以创意的形式、夸张的手法表现服装的内涵，突出服装的整体效果。

发型与服装在选择上必须与着装者的职业、环境、气质、修养、审美相协调，才能表现出着装者的现代时尚美感。

三、化妆的功能

人类对美的追求源于人的天性。从古至今人们一直在孜孜不倦地寻求着美、享受着美。化妆便是通过美化容貌来体现人的不同气质与个性。

（一）化妆可改善人的气色

化妆是运用化妆品在人的面部进行绘画性的设计，是形象设计的一个组成部分。一般在面部用粉底霜进行涂抹，以掩盖脸部的瑕疵，改善脸部的颜色，使面部白皙有光泽、明亮而柔和。腮红的使用可以在视觉上重塑脸部的形态，使面部红润健康。

（二）化妆具有修饰五官的作用

① 眉毛的化妆可以掩饰脸型的不足，可以在视觉上改变脸部的长度与宽度。不同的眉形会给人不同的感觉，通过对眉形的修饰能表现出人的不同风格与气质。

② 眼睛是面部的核心，眼部也是化妆修饰最重要的部位。通过用眼线、眼影和睫毛等对眼部的化妆，可以扩张眼廓，使眼形变大、眼神变得深邃，增加眼睛的魅力。眼部化妆的色彩有很多种，可以根据不同服饰的款式、色彩来进行选择，并与之相配合，使其协调。

③ 鼻部的化妆主要是在视觉上改善鼻子的外形，强调鼻子及面部的立体感。

④ 唇在人的面部是表情最丰富的部位，它的轮廓与色彩直接影响到整个妆面的效果。通过对唇部的化妆可以使嘴唇更加柔软丰满并具有立体感，同时也使面部的色彩更加丰富。

（三）化妆可以增强人的自信心

在现代生活中，人与人的交往已经成为生活中的重要活动，充满自信、积极向上的精神状态能够为人际交往带来方便。化妆可以掩盖脸部的瑕疵，改善人的气色，使面部白皙有光泽；可以修饰五官，增加人的美感，提升人的气质，增强人的自信心。

四、化妆烘托服装造型

服饰是一门艺术，化妆则是采用与服装不同的表现形式与方法烘托所要表达的服饰主题。化妆与服饰是一种从属的关系，化妆前首先要确定服装，再根据服装的造型、风格、色彩以及着装者所要出席的场合、时间、地点来进行妆面的设计。只有恰如其分地掌握和运用好化妆与服饰色彩、风格等的关系，才能达到营造服饰氛围、烘托整体形象、提升着装者气质的目的。

（一）化妆与日常装

日常装是人们在日常生活及工作中穿着的服装，它是一种半正式的服饰。在服饰搭配上讲究的是自然、简洁、和谐，配color一般不多。化妆则要讲究整体效果，不仅面部的各个局部颜色、质感及线条要协调统一，还必须与发型及服装相协调。因此，在面容的装扮上应根据着装者的服饰色彩、款式、风格、发色及着装者所处的场合综合考虑，为了达到服饰色彩和妆容色彩的协调统一，可选取服饰中的主要色彩作为妆容的主色调，如果是有花纹图案或是由几种颜色搭配的服饰，也可选用其中任何一种或两种色彩作为化妆的颜色，使妆面与服饰能够相呼应。日常装一般只需对面容进行轻微的修饰与润色即可，主要是为了突出面容的自然美，达到人与服饰的和谐统一（见图4-40）。

（二）化妆与礼服

礼服分为社交礼服、晚宴礼服、婚礼服。不同的场合对面容的装扮有不同的要求。恰如其分的装扮能够衬托服饰造型，营造良好的氛围。

出席商务型宴会要穿着社交礼服，不仅表现着装者的风貌，更重要的是代表着公司的形象。为了表现端庄优雅、稳重大方，妆容较日常妆应浓艳些，注重眉毛造型及眼影用色，突出眼睛的神采。腮红与唇色可选用服饰中的主要色彩。服饰、唇膏的颜色用同色系能够产生优美感，运用相反色系可产生轻快、活泼之感。

晚宴礼服是参加晚宴时所穿的服饰，其造型别致、高贵典雅、做工精良，具有极强的艺术美感。由于晚上的宴会场合一般是在灯光下，因此，妆面要浓重鲜艳，色彩搭配要协调，明暗对比要略强。这样可以烘托服饰的华丽，彰显女性高贵迷人的魅力（见图4-41）。

图4-40　日常装

图4-41　晚宴装

婚礼服分中式婚礼服与西式婚礼服。

中式婚礼服一般体现新娘的端庄、古典、喜庆。以旗袍及中式礼服为主，色彩一般为红色，象征喜庆、吉祥。在化妆上以白为美，应以白皙度高的粉底作为底色，腮红浅淡柔和，口红选用正红色的唇膏和唇彩以便与服饰色彩相统一协调，从而烘托出喜庆、妩媚的新娘形象。

西式婚礼服以白色婚纱为主，以示真诚和圣洁，表现新娘活泼可爱、纯洁浪漫的娇美形象。在化妆上讲究的是自然柔美、清新明快。腮红可以选用桃红或橘红色。唇部用唇彩以营造出光泽透明的感觉，使新娘具有艳丽动人的风韵。

（三）化妆与职业装

职业装把着装者带入一种工作的状态，并向社会表明装者的职业和责任。由于职业的不同，对服饰造型、色彩、面料的要求也不相同。很多职业装在设计上加进了一定的流行元素，使其具有时代风采。作为职业工作者应有健康、自信的状态，在化妆上应体现职业女性的品位、气质以及优雅风格。妆容不可过分艳丽，应以淡雅、简洁为主，重点强调眉眼部的化妆，突出整洁稳重、自然清纯的美感。

（四）化妆与时装

时装是短期内人们对美、对新、对奇的探索与尝试在服饰上的反映，所体现的是与众不同、前所未有的一种形式。时装的款式多样，趋于变化。在化妆与时装相搭配时，要抓住服饰整体的印象及服饰的个性特征，然后决定化妆的风格及色彩。例如，服饰是印花图案的，则唇膏颜色可选印花中的主要色彩。时装、唇膏的颜色用同色系可产生优美感。橙色和浅花色搭配的时装，化妆应选择橙色唇膏、褐色眼影，烘托服饰的华丽感。上衣芥末色、下装草黄色的搭配，眼影可选绿色系列，口红则可用铁锈红色或橙色作为衬托。灰色时装可配明亮粉红的唇膏，眼影选玫瑰粉红，以衬托出着装者的高贵及柔和美。

化妆可以看出一个女人自我经营的细心以及敬业态度。妆化得当，可以给人好的观感，展现个人魅力。

第八节　其他配饰搭配艺术

一、手表

虽然人们倾向于认为手表是功能性物件，但是对世界上许多计时工具的调查显示，其装饰性与功能性同等重要。现存的最早的一块手表是设计师在 19 世纪初为约瑟芬女王设计的，虽然该手表历经多年，但它那以珍珠和绿宝石镶嵌的精致的 18K 金基座，给人留下的极为美好的印象，远远超过其计时功能留给人的印象。

（一）手表的历史

手表在 19 世纪中期以前是为统治者特制的，数量极少，没能在民间普及。最初瑞士公司生产的手表也只是满足德国海军官员这一小部分对象，而后才开始尝试将它们投向一般大众。20 世纪初，手表开始被平民所喜爱和佩戴。今天，手表制造业已成为全球性的精细工业。

（二）手表的种类

手表按运作机理分类有机械表、电子表、数字表和石英表四种，按特性分类有功能复杂型、豪华型、普通型、专业时计型、时装型、珠宝型等数种。

在选择手表时，我们需要了解手表的个性"表情"，考虑它是否和佩戴者匹配。以下为按特性归类的几种手表的特点、代表品牌及适用人群。

功能复杂型手表是贵族及收藏家之选。这类手表精简、典雅，高贵的艺术境界与昂贵的制作材料使其成为真正的贵族之选，代表品牌有百达翡丽、江诗丹顿、爱彼，其中爱彼是世界上第一个做出万年历及自动上链陀飞轮功能的品牌，即便到现在，它也一直被推为功能最多的品牌。

豪华型手表是成功人士之选，其设计稳重、实用、豪华，代表品牌有名仕、劳力士、帝舵。

普通型手表是白领之选，这类手表的代表品牌有欧米茄、雷达、浪琴、天梭。欧米茄进入中国市场非常早，在中国一度是名表的象征。雷达刚进入中国市场时是以时尚的形象、中高端的价位成为中国最好卖的男表品牌之一的。天梭的所有表款中以动感十足的运动系列最受欢迎。

专业时计型手表是专业人士之选，这类手表拥有大气的表盘，设计风格高贵、简洁，时尚感和严谨感相结合，代表品牌有沛纳海、百年灵等。

时装型手表是时尚人士之选，这类手表的精美设计最适合年轻的时尚达人。搭配大牌服饰，其风格往往承袭品牌风格，如 CK 优雅、Dior 艳丽、Chanel 贵气、Gucci 奢华，不一而足。

珠宝型手表是名媛富豪之选。珠宝表华美异常，价位极高，拥有繁盛之美，代表品牌有卡地亚等。

（三）手表的装饰功能

手表的功能从以计时为主演变为象征佩戴者的身份地位，对于大多数中青年消费者，买手表更像是买件衣服、买双鞋，手表演变为体现个人风格和品位的装饰品。如流线型的运动型手表可以表现活力十足的运动男孩气质，带表盖的手链式手表可以表现女性坚持唯美、热爱精致首饰的特点。在男士服饰配套中手表更是不可忽视的一种饰物，既有实用功能又有装饰功能。在正规场合，比较正统的搭配方式是男士左手戴长方形机械式手表。

时至今日，手表已经不能与计时工具画等号了。当越来越多的其他产品开始更便捷地承担起提醒人们时间的功能时，手表也就必然地与装饰靠得越来越近。因此，手表已悄然成为现代人士展露个性的关键配饰，成为人们"手上的时装"。当你极尽一切努力搭配领带、服饰与配饰时，一只工艺精湛、式样充满现代感的腕表可充分展现你的时尚天赋和对于现代都市生活的基本态度。

手表除了拥有计时功能外，也是视季节、服饰，甚至心情而定的配饰。在手表设计中，各类新鲜元素的加入使原本简单的手表变得更加时尚和有个性，如牛仔、迷彩、帆布、透明塑胶等。其表面更加丰富多彩，如梨形、奇妙的三角形、横贯整个手表的长条形、可爱的卡通造型，夸张有趣。Swatch 等知名时装表品牌，就像服饰一样每年都会发布一年四季的流行趋势，一年的款式可能有上百甚至数百种，深受时尚潮人的喜爱。

二、眼镜

眼镜是一种美化脸型、矫正视力、保护眼睛的工具。眼镜一般由镜片、镜架（即边框、脚腿）组成，其形状及边框、脚腿的变化，是随着时代的变迁和新材料、新技艺的发现和发明而改变的，并越来越具有艺术性和装饰性。

（一）眼镜的历史

最早的透镜是在伊拉克的尼尼微遗址发现的。它用水晶石制作，直径 3.8 厘米，焦距 11.4 厘米。由此可以知道古巴比伦人已经发现某些透明宝石具有放大作用。但是，可以肯定的是他们尚不知道如何制造、使用眼镜。

眼镜可能于 13 世纪末才在中国出现。马可·波罗大约在 1260 年记载，中国的老年人看小字时戴着眼镜。14 世纪曾有记载，中国有一位绅士用一匹马换了一副眼镜。中国古代的眼镜镜片很大，呈椭圆形，通常用水晶石、石英、黄玉或紫晶制成，镜片镶嵌在乌龟壳做的镜框里。有的眼镜带有铜质的眼镜脚，卡住鬓角上，有的用细绳子系在耳朵上；也有的把眼镜固定在帽子上。由于眼镜框是用象征神圣的动物——乌龟的壳做的，镜片是宝石做的，所以眼镜被视作贵重物品。最初人们佩戴眼镜是为了表示吉祥或表示身份高贵，而不是为了改善视力。

眼镜于 13 世纪由两位意大利医生传入欧洲，直到 14 世纪中叶才被广泛使用。当初欧洲人也把眼镜看作是区分人们身份高低的装饰品。欧洲早期的眼镜是由各种宝石做的单一的放大镜，使用时拿在手里，就像现在人们读书时用的放大镜。16 世纪初，供近视眼用的凹透镜才问世。最初，眼镜是直接架在鼻子上的，因此造成了使用者的呼吸困难，后来人们发明了眼镜架，或用皮条把眼镜系在头上，这才解决了呼吸困难的问题。到 1784 年美国的本杰明·富兰克林发明了双光眼镜，眼镜才算完善起来。

（二）眼镜的特性

眼镜的材质：镜架是决定眼镜造型的骨架。镜架的材质主要有金属、塑胶和金属塑胶混合三种。由各种合金材料制成的镜架，追求的是轻便、结实、耐汗水腐蚀，颜色分金、银、黑、咖等多种。其中金色和银色是大众化的颜色，既文雅大气又与肤色十分协调。塑胶镜架则粗重、装饰感强，有黑、咖、浅褐和半透明的白色，备受个性突出的年轻人欢迎。

眼镜的形状：不同形状的眼镜可以带来不同的效果。方形眼镜，上侧（又称眉框）、下侧、内侧、外侧四条边分界清楚，棱角分明，适合上班时佩戴，给人一种稳重的感觉；外观细薄小巧、轻便明快的无框架和半框架眼镜，则是目前最流行的款式，能帮助脑力工作者塑造出儒雅和诚信的形象；圆形眼镜，年轻单纯，略显调皮，适合热闹的聚会；椭圆形眼镜，线条流畅，比圆形更为含蓄，是文静的淑女款，适合休闲用。所谓方框、圆框也不是严格划分的，有的眼镜则是方中带圆，圆里透方，宜男、宜女，风格不尽相同。

眼镜的色彩：眼镜色彩要注意和个人的肤色、服饰色、化妆色之间保持和谐。与服饰的搭配大致可归纳为三种类型：一是协调型，即眼镜色彩与服饰色彩统一在一种色调中，如果服饰是红色调，眼镜就选择接近红的颜色，服饰是白色调，眼镜就选择接近白的颜色等；二是对比型，即眼镜色彩与服饰色彩形成强烈的对比，如服饰颜色是冷色调，眼镜颜色选择暖色调，或两者相反，如服饰颜色是红色，眼镜就选取蓝色，服饰是紫色，眼镜就选黄色等；三是点缀型，即用醒目的眼镜颜色点缀大面积、大体积的服饰颜色，会起到万绿丛中一点红的效果。

（三）眼镜的搭配

眼镜和服饰一样，对人的形象起着至关重要的作用。现代生活中，有条件者可备有几副不同式样的眼镜，以备出席各种不同的场合，应对不同的社交对象。上班时，穿开领毛衫、过膝中裙，戴细条金银边眼镜，可示精明能干的职业精神。出游、非正式聚会时可选择风格夸张的粗框塑胶眼镜。工作学习的场合选用镜架简洁、朴实的眼镜为宜。参加化装舞会等，则可选用镜架花哨一些的眼镜。

对于商界、政界人士，平时所选眼镜要装饰适度、精工制作，还应兼顾一下品牌。商界人士为显示其尊贵应选择戴华美、精巧的眼镜。政界人士选择眼镜则应以沉稳、庄重、不奢华、不庸俗为宜。此外，四季气候变化，眼镜也应跟着变化。春秋气候温和，可选中性或淡色镜框配饰；冬季天冷，茶色和淡红色等暖色镜架可从心理上驱赶寒意；夏季里，冷色镜架给人一种清爽的感觉。

三、袖扣

袖扣通常作为搭配礼服衬衣及套装衬衣的饰品，袖扣不但与一般纽扣一样具有固定衣袖和美化服饰的实用功能，而且是高品位成功男士的象征物品。一些材质贵重的袖扣有时甚至成为男女之间的定情信物。

（一）袖扣的历史

袖扣相传起源于古希腊。14—17世纪，即文艺复兴到巴洛克时期，袖扣在欧洲是广为流行的男士装扮配饰之一。袖扣成为衬衫的一个重要展示部件，是在1530年之后出于御寒目的才逐渐存在的。当时人们或者将袖子尾倒折（法式双叠的雏形）；或是另外接上一块布，然后在手腕的部位用绳子（这根绳子后来就发展成了袖扣的"近亲"袖链）连接，这样袖口前段就会像花朵一样展开，再配合不同质料颜色，袖口相当漂亮。从当时的风尚来看，这样漂亮的袖口要露出来，所以就会安排袖口露出外衣若干厘米，让漂亮的袖口得到充分的展示。当西服和衬衫搭配之后，衬衫的这条穿着规则也被保留了下来，长此以往变成了穿着西服的重要规则，也为袖扣提供了展示的舞台。

（二）袖扣的材质

目前，国际上许多顶级男装品牌和知名珠宝商每年都会推出最新的袖扣设计。其在使用材料上有特别的要求，一般多采用宝石、贵重金属，如黄金、珍珠、白金、银、水晶、玛瑙等，因此价格不菲，一般在几百元到上万元。通常情况下顶级品牌Gucci、Versace、LV、Cartier、Tiffany、Dunhill、Montblanc、Boss等在推出新一季男装的同时，也会推出新款袖扣，有的还会推出当季限量版袖扣。

（三）袖扣的搭配

对于讲求品位的男人而言，也许除了戒指之外，袖扣就是面积最小的装饰了。因为其材质多选用贵重金属，有的还要镶嵌钻石、宝石等，所以从诞生起就拥有贵族的光环，袖扣也因此成为人们衡量男人品位的单品。男性的正装除了领带可以翻花样之外，只有领带夹、袖扣等少数几个部件可以展现一下个性。如果你希望在细节上更加吸引眼球，那么就可以选用袖扣。由于领带夹不太为绅士所接受，所以袖口的大小和形状成为更精致独特的表现平台。袖口的点睛之笔——袖扣不像领带夹在领带中央视觉的焦点处，它隐藏在袖口边上，显得含蓄内敛，更能体现着装者的优雅品位。

使用袖扣必须搭配法式双叠袖口的衬衫。虽然现在有厂家推出了两用的袖口，可以用细扣，也可以额外搭配袖扣，但是并不建议选用这样的袖口，因为这样的袖口是单叠设计，硬度不如双叠，很难展现法式袖口独特的风格。除了双叠以外，最重要的是扣合的方法。使用细扣的袖口是环形扣合的，如果把袖口接触皮肤的一面称为阴面、另一面称为阳面，那么使用细扣的袖口是一边的阴面与另一边的阳面接触并且固定。法式袖口则不同，是袖口两边的阴面互相接触，这样就不是一个环形。而袖扣的使用就是把连接袖扣扣子部分的那根针从手背的袖口那边穿下，而后从手心那边的袖口穿出并且固定。这样才能保证手处于最自然的手心朝下状态时，袖扣的扣子部分能够完美地展现出来。袖扣在使用搭配时有一定的讲究，在晚间搭配燕尾服的袖扣多采用浅色材质，搭配塔式多礼服多采用深色材质。

四、丝巾

（一）圆形脸与丝巾搭配

脸型较丰润的人，要想让脸部轮廓看起来清爽俏皮些，关键是要将丝巾下垂的部分尽量拉长，强调纵向感，并注意保持从头至脚纵向线条的完整性，尽量不要中断。系花结的时候，选择那些适合个人着装风格的系结法，如钻石结、菱形花、玫瑰花结、心形结、十字结等，避免在颈部重叠围系过分横向和层次质感太强的花结。

（二）长形脸与丝巾搭配

丝巾左右展开的横向系法能展现出颈部朦胧的飘逸感，并能减弱脸部较长的感觉，如百合花结、项链结、双头结等。另外，还可将丝巾拧转成略粗的棒状后，系出蜡结状，不要围得过紧，尽量让丝巾自然地下垂，塑造出朦胧的感觉。

（三）倒三角形脸与丝巾搭配

从额头到下颌，脸的宽度渐渐变窄的倒三角形脸的人，给人一种严厉的印象和面部单调的感觉。此时可利用丝巾让颈部充满层次感，系一个华贵的系结款式，会有很好的效果，如带叶的玫瑰花结、项链结、青花结等。

注意减少丝巾围绕的次数，下垂的三角部分要尽可能自然展开，避免围系得太紧，并注重花结的横向层次感。

（四）四方形脸与丝巾搭配

两颊较宽，额头、下颌宽度和脸的长度基本相同的四方形脸的人，容易给人缺乏柔媚的感觉。系丝巾时尽量做到颈部周围干净利索，并在胸前打出一些层次感强的花结，再配以线条简洁的上装，可演绎出高贵的气质。

五、手套

（一）手套的历史

手套最早见于公元前6世纪的《荷马史诗》记载：古希腊人进食时，同印度或中东人一样，是吃抓饭的，不过他们用手抓饭之前要戴上特制的手套，这种手套的实用功能和我们中国人使用的筷子功能相同。所以，手套曾是历史上的用餐抓饭工具。

从 13 世纪起，欧洲的女性开始流行以手套为装饰。这些手套一般是亚麻布或丝绸质地，可以长达肘部。这期间，男性贵族也流行戴有装饰的手套。

欧洲宗教界接过手套后，改变了它的功能。神职人员戴白手套，表示权威、圣洁和虔诚。19 世纪前，白手套的神圣作用扩大到国王发布政令、法官判案都要戴上。欧洲骑士戴上白手套，表示执行神圣公务；摘下手套拿在手中，表示潇洒闲暇；把手套扔在对方面前，表示挑战决斗；被挑战的骑士拾起手套，宣示应战。而今各国军队仪仗人员仍戴白手套，就连位于赤道附近国家的军人也仍然保持这个传统。

2011 年开始，中国市场出现了一款新式的手套，这款手套是伴随着触屏手机等触摸屏电子设备的产生而产生的。由于电容式触摸屏屏幕是通过人体电流感应而起到操控效果的，然而普通的手套并不能传导人体电流，因此严冬的时候人们便遇到了一个难题，戴着手套无法操控手机，当有电话或者需要用手机的时候必须摘下手套。由于人们的需要，触屏手套诞生，此种手套因为在手套织物里植入了导电纤维，从而使手套有导电的作用，人体电流能够顺利地传递到屏幕上从而起到操控电容式屏幕的效果。

女人戴手套多为高雅美丽，所以古欧洲有丝绸、丝绒等质地的装饰手套，黑白、彩色、长短俱全。19 世纪还出现手绘和黑色网织手套，给人以神秘的感观。

（二）手套的分类

① 按制作方法分类：缝制、针织、浸胶手套等。缝制手套用各种皮革、橡胶、针织物或机织物裁剪缝制而成。针织手套用各种纺织纤维纯纺或混纺纱线，在手套机上编织，经缝制加工，再经过拉绒或缩绒、热定形整理而成。针织手套的组织有平针、罗纹、集圈、纱罗等，花式有素色和色织提花等。劳动保护手套要求比较厚实，有的经过表面涂塑处理，以提高耐磨、防滑、防水性能。装饰手套要求美观，大多经过绣花、钉珠等艺术加工。

② 按材料分类：棉纱、毛绒、皮革、橡胶手套等。

③ 按指部外形分类：

分指手套：每只手套有 5 个分开的长袋装手指。

连指手套：中国东北称手闷子，拇指分开，其余 4 个手指连在一起。

三指手套：拇指和食指分开，其余 3 个手指连在一起。

直型手套：5 个手指连在一起。

半指手套：每个手指部分不闭合，只遮到第一个关节。

无指手套：没有手指部分，在指跟处开口。

手套分开的手指越少，对手指的保温效果越好，但同时也限制了手部的活动。半指和无指手套除了装饰外，便利手指活动。

第五章 服饰文化与时尚服饰设计

第一节 服饰文化与时尚服饰设计概论

一、服饰史上服饰的变革创新之路

服饰是一个民族文化的象征，也是人民思想意识和精神风貌的体现。一个民族的文化，在历史演进的过程中，吸纳外来文化和异族文化是历史的必然，只有这样，它才显得宽厚、丰满。变革是在不断地完善自我，以我为本，广纳外来文化的优秀成分，才使得这个民族文化的特质更具个性、更具有生机和活力、更加丰富人类社会文明。在中外服饰发展历史中，变革创新从古延续至今。

我国服饰历史上改革的第一人是战国时代果断推行"胡服骑射"的赵武灵王，他从战争的需要出发，取他之长，补己之短，首开汉族服饰吸收异族优秀服饰文化的先河。

西洋近代服饰史上，涌现出了许多著名的服饰设计师，他们致力于服饰的变革创新之路，并为之做出了巨大的贡献。

中国在几千年的历史进程中，早期是一种相对稳定、自闭保守的状态，儒家和道家的学说信仰互补互助地融合，汇成了中国古代哲学思想的主流。儒家美学从社会整体的审美角度来要求人们着装的外在形式美和内在气质的气韵美相一致，体现了强化理想人格和道德修养的服饰造型观念，把表里如一、内外兼顾的个性美融入整体统一、秩序分明的社会风尚之中；道家认为纯自然的状态是人类最理想的状态，服饰也应顺其自然、趋向自然、展现自然的人格精神，服饰造型上的简约、质朴、减少烦琐的装饰并不等于精神上的匮乏、不影响服饰的美感，在尽量与自然贴近、相融的过程中渐渐达到无我境地。服饰上追求自然地遮盖人体，不以自我夸张、炫耀为目的，不大肆表现个体。服饰的宽松离体使人身心自由、无拘无束，穿着时油然而生一种休闲的惬意、轻松自在的舒适感，体现了融己于自然的脱俗境界。

西方人把自己看成是世界的主人，是世界万物的主宰，以自我为中心，竭尽全力地发掘人的力量、释放人的潜能。思想上主张拼命地抗争，使私欲膨胀，在服饰上大力表现个性、强调夸张人体之美，不同程度地违背了自然规律，与中国传统的美学观念形成鲜明的对比。

中国人的服饰造型上，不追求明确的立体几何形态，不追求夸张的立体效果。中式的宽衣服饰在摆放或悬挂时像画卷和布料一样平整、一目了然，展现了二维平面的大方气度和坦荡胸怀；当穿在身上时，起伏连绵的衣褶和曲直缠绕的襟裾营造了有远有近、有虚有实、活泼生动的三维立体效果。其在造型上忽视了人体三维造型相一致的精确数字，用这种没有凹凸的平面裁剪法求得了一个自成纹理、和谐统一的空间造型，这种空间造型经过长期发展逐渐趋于整体感。

西方人在塑造美学观念下产生的是竭力表现人体的立体裁剪服饰，无论是挂在衣橱里还是穿在身上，或者行走起来，都没有太明显的变化，始终保持着相对静止的立体几何空间效果。西方的服饰空间意识是在中世纪以后形成的，反映了西方人对空间的探求心理，有着明显"自我扩张"的心理动机：渴望占据更多的空间，于是增大服饰的造型体积，将服饰视为一种扩大自我肉体的工具。这种夸张的服饰造型，使人与自然整体之间、人与个体之间保持一定距离，反映了西方人的宇宙观，也反映了人与自然万物、心灵与环境、主观与客观的对立性。

二、时尚服饰设计的概念、范围与特点

（一）时尚服饰的概念

服饰作为物质文明和精神文明的双重产物，是社会政治、经济、文化、意识形态等方面综合作用的结果。服饰和人类的生活息息相关，在它的身上承载着人类物质生活和精神生活的点点滴滴。人类对服饰的期许不只是停留在蔽体保暖的功能上，它还肩负着解读穿着者的审美、品位和知识水平等诸多因素的使命；同时，它又是时代的解码——可以通过时装这面小镜子图解社会这个大舞台。哲学家法朗士的这个著名论断早已广为人知——"假如我死后百年，要想了解未来，还能在书林中挑选，你猜我将选什么？我会直接挑选一本好的时装杂志，看看我身后一个世纪妇女的着装，她们的想象力所告诉我的有关未来人类的知识将比所有的哲学家、小说家、传教士或者科学家还多。"服饰的这种物质与精神兼具的特性，使之成为优秀的研究对象，而时尚服饰更是对某个时代或某个时期文化的最佳解读。

1. 时尚的概念

关于时尚的概念，仁者见仁，智者见智。它可以是物品，如时尚的服饰；也可以是一种意识形态，如时尚的思考方式；它可以很小，如一个时尚的胸花；也可以很大，如女性时尚的生活方式。它是在一定的社会历史时期内人们所崇尚的事物、思维方式、生活方式，它在一定的阶段由一些人率先实践，而后为社会大众所追求。时尚的产品种类繁多，涉及人们衣食住行的各个方面。

近年来，与时尚有关的各种产品也纷纷以中国传统元素为设计灵感。斯沃琪手表一直是与时尚结合非常紧密的品牌，2008 年相继推出了龙跃福生、牡丹富贵、玉兆吉祥、粉墨登场和盛世青花等一系列与中国传统文化元素密切相关的主题腕表，其中盛世青花中更运用了红色锦鲤、繁花、祥云、蝴蝶、羽翼和燕子等中国传统元素。在 2008 年举办的

"锦绣中华'瓶'我秀"——可口可乐弧形瓶"秀我家乡"设计大赛中,得到冠军的设计几乎都是以民族传统元素作为各自设计灵感的。这些元素包括藏戏面具、彝族服饰色彩、新疆服饰图案、藏八宝、敦煌飞天、龙舟、祥云、广西芦笙与铜鼓等。

2008年5月,时尚运动品牌耐克发布他们为22个中国国家运动协会设计的奥运装备。在此次发布会上,古筝、琵琶、中国功夫、京剧人物等都是被应用的中华民族元素。

2. 时尚服饰的概念与范围

时尚服饰首先是服饰,其次是具有时尚特性的服饰。简言之,它是在一定的时期或流行周期内,在一定的社会文化背景下,具有一定品位和审美的主体所穿着的服饰。时尚服饰中的"时"决定了其快速更替的特性。

时尚服饰涵盖着较为广泛的内容,它与流行有着密切的关联。在特定历史时期所流行的以下种类的服饰,都可以被看作是时尚服饰。

① 成衣。成衣是指通过工业化大生产而批量生产的成品服装,是一个与手工业定制加工的服装相对立的概念。工业革命后的19世纪末,由于机器化大生产的出现和流水线的建立,这种以"大量的生产观念推出的批量生产的衣服"的概念得以诞生。流水线的生产降低了成本、节省了人力,使成衣的价格较为便宜,成为满足最广大消费群体的服饰,也成了人们今天日常穿着的最为常见的服饰类型。

② 时装。顾名思义,时装就是具有时间特征的服饰。如果将它作为一种社会事物放在社会学研究领域中去认识的话,时装是指在一定时期(时间)、一定区域(空间)出现,为某一阶层所接受并崇尚的衣服。一般来讲,时装具有"一过性",其流行有一定的规律。某种时装一旦过了"临界线",即为大众所普遍接受,就无时装可言了。但是,别的风格的时装又会接踵而来,时装永远如潮水。

③ 高级成衣。20世纪中期,在整个市场大趋势的影响下,一些高级女装设计师为了扩大品牌的市场占有率,在过去量身定制服饰的基础上,又推出了批量生产的服饰,也就是高级成衣。这是由高级时装设计师及其助手以广大的中产阶级为目标顾客,从最近发布的高级时装中选择便于成衣化的设计进行批量生产的服饰,不同于高级时装的量体裁衣和手工制作。高级成衣有着规范的型号,采用一定的高级时装制作技术。比起成衣的生产规模来,高级成衣基本上保持在一个小批量生产的范围内。

④ 高级时装。高级时装是时装的顶级产品,是针对高层顾客的需求设计制作的服饰。这个概念是由设计师查尔斯·弗雷德里克·沃思在19世纪中期创立的,他当时的服务对象为上流社会的女性。原创性的设计理念和完美的手工缝纫技术是高级时装不可或缺的构成要素。

20世纪末以来,时尚成为一个具有高出镜率的词频频出现在各种图书、报纸、杂志以及人们的口中,与品位、艺术、流行、生活方式紧密相连。

时尚指风尚、时髦、时样、风气。人们所说的时尚指的是一定的时间与空间范围内流行的东西或时髦的事物。时尚这个词所包含的意思,简单地说,就是时间与崇尚的组合,即短时间里人们所崇尚的生活,而服饰是流行的方式。此外,时尚这个词一般用来指那些与流行密切相关的服饰,如时装。

时尚服饰涵盖的范围很广，既有一般流行的成衣，也有与时尚密切相关的高级成衣、高级时装和高级订制服饰。时尚服饰除了包裹躯干主体的服饰，包括帽子、鞋子、围巾、手套以及耳环、胸花、项链、戒指等各种配饰，还包括包和伞等服饰附件。无论是哪种服饰，它们的共同特点是与现代的生活相关，与人们的审美取向和价值取向相关，与时尚相关。

3. 时尚服饰文化的范畴

时尚服饰文化的范围主要包括以下几个方面：时尚服饰文化现象、时尚服饰文化的意识形态、时尚服饰文化的设计理念、时尚服饰文化的审美特征、时尚服饰文化的内涵意蕴、时尚服饰文化的功能、少数民族服饰与时尚的相互影响等。

时尚服饰文化研究范围的划分主要从两个层面来限定：一是时间范围，二是空间范围。在时间的横向坐标轴上，范围划定为从 20 世纪初到 21 世纪初这一百年间。在空间的纵向坐标轴上，范围划定为世界范围，而主要落脚在西方社会。从时间范围层面看，这样划分的依据是因为纵观人类穿衣的漫长历史，从来没有哪个一百年像这个一百年一样——在这个一百年里，世界范围内的服饰舞台上发生了翻天覆地的变化，这些变化颠覆了一直以来人们的穿衣定律：在这一百年里，服饰从古典走到现代；在这一百年里，服饰从较为单一的功能发展为集合了诸多功能的综合体；在这一百年里，服饰从相对的单一走向多元；也在这一百年里，人类完成了从"衣穿人"到"人穿衣"的转变，真正成了衣服的主人。从空间范围层面看，中国各民族的民族传统服饰主要以平面的二维空间为主，而百年来的西方时尚服饰是对立体的三维空间理念的集中阐释，这二者之间具有很大的不同，但在一些具体的形式、款式、色彩和图案上又存在一定的相似性。这些对民族传统服饰的时尚化设计都具有重要的借鉴意义。

（二）时尚服饰设计的特点和相关概念

1. 时尚服饰设计的特点

① 即时性。时尚服饰设计的一大特点就是"时"的限定，即是对某特定时期流行的服饰的设计，这个时间段的限定短则月余、长则年余，超过这个时间就和时尚服饰的概念相去甚远了。因此，对时尚服饰的设计一定要把握时代的脉搏和流行的趋势。

② 循环性。时尚服饰设计的第二大特性就是它的循环性，即某种或某个类型的服饰在一定的时间段中还会重新流行起来。这种再一次的流行也许是和原来的流行款式、特点完全吻合，也许是经过一些细节的改变。

李当岐先生在《服饰学概论》中，曾转引日本服饰评论家大内顺子女士在《流行与人》中分析二战后的流行的一段话："流行似乎每五年就发生一次大的变革，这好像和人类社会所具有的持续力有关。五年时间，正是一个执政者全力投球的时间，也是像'石油危机'之类的事件爆发的时间。大概人们也一定是每隔五年就要求时代有一种什么变化。而巧妙地记录这些变化的时装流行就以各种新的样式表现出来。可见，流行与时代息息相通。"

③ 流行性。流行是与服饰密切相关的一个概念，时尚服饰的设计必须要考虑的一点就是流行性。20 世纪杰出的服饰设计师可可·香奈尔曾经说过："时尚来去匆匆，唯有风

格永存。"这一名言被奉为时尚界的金科玉律。某一特定时期流行何种样式的服饰，是这个时期政治、经济、文化、艺术和思潮的反映，它也是人们在这个特定时期审美观念的映射。设计出成功的时尚服饰，流行性是必不可少的因素。这就需要设计师大到对时代特征、小到对流行事物具有敏锐的洞察力，需要关心大众审美趋向和消费倾向，注意服饰流行中心的最新信息，随时了解服饰流行的最新动向。

如前所述，服饰是社会物质文明与精神文明共同作用的结果，因而服饰设计者可以通过分析政治动向、社会变革、经济兴衰、环境改善等极易影响服饰流行的因素去总结规律。此外，具体到研究某一种服饰的流行周期，探索流行轨迹，以做出大致的趋势预测。

服饰设计者要随时了解服饰最新动向和预测服饰发展趋势，目的不在掌握，而在运用。在此基础上谋求新的设计意念和表现题材，才是关键所在。如设计师香奈尔根据 20 世纪初战后的社会文化背景，设计出不突出女性身体曲线的宽松服饰，在时尚界引起轰动，也改变了妇女们的穿着方式。又如设计师克里斯汀·迪奥针对战后人们对美好与奢华的生活方式的向往，在 1947 年推出突出女性身体曲线的"新样式"（New Look），这一被称为"追回失去的女性美的伟大艺术家的作品"系列，突出了女性合体的肩部、饱满的胸部和纤细的腰肢，非常具有女性特有的美感，一经推出就得到人们的追捧。在设计风格上，这是两个相反的例子，但它们的设计者都深谙时尚的奥秘，并且因为对服饰流行趋势的准确预测而走在了流行的前面。

④ 文化性（综合性）。从字面上来看，时尚服饰设计与时尚、流行相关，似乎与文化联系不大，但事实并非如此。仅仅只会画效果图、掌握流行规律是不行的。文学、历史、哲学、美学等图书都会给人的情操以熏陶，在不知不觉中融入个人的意识之中，然后再在时尚服饰设计中以美的形式体现出来。

意大利文艺复兴时期天才的艺术大师达·芬奇把解剖、透视、明暗和构图等整理成为系统的理论，对后来欧洲绘画的发展产生了深远的影响。他不仅是一位天才的画家，而且是大数学家、科学家、力学家和工程师，将科学知识和艺术才能进行了完美的结合。同时，他还是医学家、音乐家和戏剧家，而且在物理学、地理学和植物学等其他学科方面也多有涉猎。

知识与文化并不局限于书本中，古人云"读万卷书，行万里路"。设计师克里斯汀·迪奥年轻时曾到欧洲各国游历，并与当时一些著名艺术家如毕加索、达利等交友，汲取艺术养分。日本设计师高田贤三为了追求心中的梦想——服饰设计，坐了几个月的轮船从日本到巴黎，轮船在航行中停靠了许多国家的许多口岸，这都成了他日后服饰设计的灵感来源。

有很多的设计者在进行创作时总是遇到瓶颈，难以达到更高层次的突破，很大的因素在于其文化知识的缺乏。这不仅直接影响到其作品的水平，而且阻碍了他认识生活的能力和表现生活的技巧，也就实际上影响了其作品的深度和高度，这也是站在金子塔尖的设计师为什么只有寥寥数人的原因。

文化性是一个广博的概念，除上面提到的知识之外，还需要设计者对社会风俗有所了解。熟悉服饰的民族特色以及与此相关的风俗、风情，对服饰设计者的视野拓展和水平的提高都有很大的促进作用。

2. 时尚服饰设计的相关概念

时尚一词是与较短的时间区间密切相关的，但这并不意味着它本身的短暂性或者是表面性，相反，时尚本身是社会发展的深层反映，集中体现了政治、经济、大众心理等时代特征。时尚服饰文化是时尚服饰发展所蕴含的文化，它包括时尚服饰的源流、时尚服饰的策源地、时尚服饰的引导者、时尚服饰的流行周期和时尚服饰产生的背景等诸多要素。为了更清楚地了解时尚服饰文化的概念，先来看看以下几个与之相关的概念。

① 流行，是指在一定的时间（某个历史时期）和空间（某个国家或地区）内，一定数量的人受某种意识的驱使，通过模仿前沿的或占主导地位的某种观念、行为、生活方式而达到某种状态的社会现象。

流行的内容涉及生活中的方方面面，既包括意识形态，也包括人类实际生活的各个领域。事物的流行与人类两种常见的心理有关：一是求变心理，二是求同心理。对事物抱有前种心理的人，对新的流行非常敏感，是新流行的创造者和追随者；当这种新的流行随着求变心理的人而逐渐发展，成为一种大范围的"强势力"后，对新事物抱有求同心理的人往往产生不愿被这股强大势力抛弃的想法，也加入其中，使其被普及和一般化。随后，当这种新的趋势普及后，一种更新的流行就会作为一种需要，再次为求变心理的人所提出并实施，于是新一轮的流行与普及重新开始了。

② 品位，是指人们在各自不同的生活环境、文化背景、教育水平审美倾向以及其他诸多因素的影响下，所形成的对时尚的定位。良好的品位不仅能够准确地发现美丽的事物，还能够甄别什么样的服饰是最适合自己的。

③ 风格，是指某件或某种服饰区别于其他服饰的特点，这种能使观者从服饰的外观上辨识出的特点称为风格。服饰风格有的会被一再重复，而有的只出现一次就永远消失了。如果回顾20世纪这一百年服饰的演化史，会发现几乎每个十年都有自己的风格，这就是时代赋予服饰的深深烙印。不同的设计师所设计的服饰也有着各自的风格特点，并且大部分都会贯穿始终。

④ 流行周期，是指某种或某类服饰从出现到逐渐被人们接受，再到达流行巅峰，随后走向衰退，最后退出流行舞台的整个过程。流行周期具有循环往复的特点。不同的服饰流行周期也不同，有的在很短的时间消亡，有的具有很长的时尚生命。一般来讲，每个流行周期都包括导入、上升、达到顶峰、下降、消亡五个阶段。

⑤ 流行趋势，是指一段时期以内，服饰流行的总体方向和趋向性的变化。如下一季复古风流行、第二年中性风格流行等，都是在一定的时间内流行的一种趋向性的指征。

⑥ 世界六大时装之都。世界六大时装之都分别是法国巴黎、意大利米兰、英国伦敦、美国纽约、日本东京和西班牙马德里。无一例外，这六座城市都具有浓厚的文化艺术氛围和便利的交通，吸引了世界上的优秀设计师们，也引领了世界时尚的潮流趋势。近百年来，这六座城市的发展史也是国际著名服饰品牌发展的历史。

⑦ 时装表演。在国际服饰领域四大时装之都——巴黎、米兰、伦敦、纽约，每年的

时装季（2、3月发布当年秋冬流行趋势，9、10月发布第二年春夏流行趋势）都会推出一系列的时装表演。根据规模和档次的不同，时装表演可分为较高层次的时装发布会（Collection）和一般层次的时装表演（Fashion Show）。时装表演起源于19世纪，由著名设计师查尔斯·沃思首创。时装表演分为很多种类，既有时尚之都的顶级品牌的展示，也有企业和服饰公司对品牌产品的展示；既有服饰院校对师生作品的展示，也有大型商场对所卖产品的展示；此外，还有设计师对自己作品的各种规模的展示。无论是怎样的时装表演，都对时尚服饰流行起着推动的作用。

三、时尚文化

当前世界范围内，随着经济的发展，文化建设也得到了长足的进步，人们在满足基本生活需要的同时，对时尚的要求越来越高，对服饰的要求也越来越高。

艺术设计在很大程度上充分迎合了人们在审美情趣上的要求、在精神世界上的诉求以及情感方面的需求，充分体现了文化的相关内涵，因而具有广阔的影响力。从心理学的角度看，社会生活中积累的民众内部非正常行为的集合叫时尚，时尚这一概念随着社会生产力水平、分配方式、生产关系以及物质财富与精神财富的变化而变化。一般来说，时尚文化是社会一小部分人（潮人、艺术家、非主流人群以及歌星、影星等社会知名人物）所创造和倡导的，迅速通过现代媒体的传播为社会大众所接受的现象。时尚涉及生活的很多方面，比如情感方面、行为方式方面、生活方式方面等。

从某种角度看，时尚文化是当下最为流行的文化的精髓部分，能够得到社会大众的普遍认可，换句话说，时尚是当前社会风尚中的下里巴人，不是艺术家所匿藏的阳春白雪。时尚文化能够将社会大众，特别是年轻人在思维方式方面、情感方面以及心理方面联系得更为紧密。当前，年轻一代人（特别是80后和90后这一代人）在期望获得社会认可方面以及在实现个人价值方面有很多的共同之处，他们的价值观、个人成长规划与老一辈人有着很大的不同，很多观念上的差异以及行为上的诉求导致他们对于文化的理解有着很多的不同之处，而时尚文化成为他们生活中不可缺少的部分，他们本身的思想、行为也构成了当前时尚文化的一部分。

在我国文化建设的大潮中，时尚文化很自然地成为文化建设的前沿阵地，要在维持整个社会文化健康成长的基础上，处理好传统与叛逆、古板与情趣、规矩和个性等方面的矛盾十分重要。时尚文化从某种角度上看难以捉摸，但是确是切切实实地改变着这个社会。服饰设计过程中涉及很多元素，其中艺术元素、文化元素的融入更是使服饰设计成为大家追求时尚文化的有效载体，分析当前时尚文化和服饰设计之间的关系就很有必要了。

四、时尚文化与服饰设计的共同性

服饰设计和时尚文化在很多方面有着共同性，而且在很多方面相互补充、相互借鉴，分析下来主要有如下几点共同之处。

（一）商业性

无论任何文化元素都需要必要的市场操作才能体现文化本身的商业价值，时尚文化也是如此。在市场经济充分发达的今天，众多的文化形式都需要通过各种文化衍生品实现商业价值的获取，而这些文化衍生商品由于有各种文化的嵌入，更能够满足社会大众在物质层面、精神层面、情感层面的需求，从而激发消费者的消费欲望，促进商品的销售，而商品的销售又推动了文化元素在社会上更为深入的推广。

在当前，时尚文化元素已经成为很多产业前进的内在动力，为这些产业带来了巨额的利润。比如说日本的漫画文化、泰国的人妖文化，已经成为推动这些国家经济发展的重要动力源。同理，在服饰设计上，服饰的设计工作最终也要为了服饰的销售服务，因为服饰产业的直接目的在于盈利而不是满足社会大众的需要，所以当前的服饰设计师必然在设计时考虑服饰的受欢迎度，以期望获得更为高额的商业利润。而消费者在购买服饰的同时，也满足了自己在生活品位上、在审美情趣上、在穿着功能上的要求。服饰设计和时尚文化在商业价值的获取上找到了契合点。另外，时尚文化和服饰设计融合的过程中，也存在着一定的风险，一旦流行元素选取失误，必然会导致服饰在市场销售上的失败，导致巨额亏损。

（二）时效性

时尚文化是某个时间段社会时尚元素的集合，会随着时间的流逝产生、发展、衰退和消亡。和传统文化相比，时尚文化就如昙花一现：来得快、影响大、消失快，有着内在的时效性。时尚文化没有所谓的"保质期"，它在一定时期内深刻地改变着人们的生活，但是很快就会被新的时尚元素所取代。很多过往的时尚文化或许在老一辈人心目中留下深刻印象，会被他们时常回忆，但是却不能取代当前的时尚文化。当前社会越来越快的生活节奏，加上文化多元化的不断加重，导致文化在表现形式以及获利方式上更为功利，更新换代的速度也是越来越快。

服饰也是如此，具有很强的时效性。时尚文化在服饰上的体现就是新颖元素的不断加入、老旧概念的迅速消亡。服饰设计和服饰概念对文化是十分敏感的，一旦过时，相应文化的服饰产品就将迅速过时。

从根源上看，时尚文化以及服饰设计的时效性来源于社会大众内心无穷无尽的欲望。人们总是对未知的事物充满了好奇感，而这种好奇感驱使着人们不断追求新鲜事物，一旦他们成功获取，又会将注意力集中到新的事物上去。所以从社会学的角度看，人类之所以是一种群居性生物、社会性生物，除了对繁衍要求很高以外还有一个重要原因就是天生的好奇心，西方神话中夏娃吃禁果反映的就是这一观点，而人类无穷无尽的欲望正是推动我们整个社会前进的内在动力。

（三）群体性

从时尚文化接纳程度来看，对时尚文化接纳程度最高的是女性群体和青年群体，这两个人群也是时尚文化的忠实支持者，是时尚文化产业的忠实支持者和消费者。这两个群体对时尚文化有着十分深刻的理解和认同，他们消费时尚文化衍生商品，并通过日常生活的演绎推动着时尚文化的普及，从而形成一个循环。服饰设计具有很强的群体性，不同文化、不同民族、不同宗教信仰、不同风俗习惯的社会人群在服饰设计上也各不相同。

五、时尚文化与服饰设计的相互影响

（一）时尚文化催生服饰设计的风格定位

某个特定时期、某个特定社会范围内，服饰的设计理念、设计方法在很大程度上受到时尚文化的影响。一方面，这是由于这一时期的设计师本身会受到周围环境时尚文化的影响，会将时尚元素融入自己的设计中来；另一方面，只有符合当前时尚文化风格的服饰产品才会受到社会大众的欢迎。

（二）服饰设计引领时尚文化的潮流

当前社会生活节奏很快，服饰已经成为现代社会的消耗品，从某种意义上来说，现代服饰更大程度上是满足人们对美的需求。后现代美学学者认为，现代商品的销售在实现商品最基本的功能以外，更多的是体现商品与相关文化的契合点。所以，当前流行的服饰在很大程度上让人们了解了蕴含在服饰中的流行文化元素，促进了时尚文化的普及，也改变了流行文化的进程。

在当下，越来越多的流行元素、时尚元素被设计师融入服饰的设计中去，为人们设计出很多富有时代感、艺术感的服饰；由于服饰积极的渲染和流行作用，很多时尚文化得以更为快速地传播，影响整个社会，改变人们的生活。

第二节　服饰现象与时尚服饰现象

一、简洁与奢华

（一）繁与简的对比

简洁与奢华是一对矛盾的概念，它们此消彼长或同时存在于服饰发展的各个时期，表达了不同设计师对美的解读，满足了不同的人对美的选择。著名影星奥黛丽·赫本在电影《蒂凡尼的早餐》中所穿的一款由纪梵希设计的小黑礼服，它的设计秉承"少即是多"（Less is more）的原则，以极简的设计打造出女性优雅的完美形象，带动了新一轮简洁风尚的流行。

这款服饰的设计者是法国著名设计师纪梵希，他曾先后进入包豪斯艺术学院和巴黎高等艺术学院进修。他的设计更注重简洁、明快和舒适，在此基础上塑造高雅的气质。这款衣服的款式非常简单——圆领、无袖、收腰、及膝的黑裙，但一切都那么恰到好处，其经典的高雅具有使人过目不忘的魅力。它摒弃了繁复华丽的元素，以洗练与简洁自成风格，成为后世的典范。

与如此简单的服饰相配的是复杂的装饰，同色的宽檐帽子、时尚的宽边墨镜、过肘的同料长手套、炫目的项链，甚至赫本手中所拿的那一支长长的女士烟都成了重要的配饰。繁与简在这里有了最佳的对比，"度"的拿捏是关键（见图 5-1）。

（二）对繁与简的追求

对繁的追求。范思哲是意大利名牌 Versace 的中文译名，如果细细体味会发现，无论是从视觉还是听觉的角度，这个中文名都具有种奢美而且神秘的意味，恰恰体现了这个品牌的内涵。这个品牌的标志是一个美杜莎（Medusa）的头像。

范思哲的服饰有着和美杜莎相同的特质：它们都有着一种神秘莫测的、烈焰燃烧般的、具有震慑力的美，这种美是一种充满生命感的张力，使人忍不住要多看几眼，而后就被其美艳的力量所"击中"。范思哲的服饰热烈、时尚、妩媚而充满女人味，色彩艳丽，用色浓烈大胆，以金、黑、红等色为主，花纹华丽繁复，具有浓郁的意大利风情。范思哲把古典贵族的奢美华贵和现代时尚的热烈性感紧密结合，设计风格非常鲜明：华丽、性感、奢华而充满活力，他的设计具有宝石般绚烂的色彩、与人体最为贴合的流畅线条、不对称斜裁的独特裁剪方式。这个品牌多采用色彩绚

图 5-1　赫本黑色礼服

烂的华丽面料和斜裁的裁剪方式，诠释出女性的身体曲线和妩媚的韵致。无论是色彩、款式、裁剪方式，还是面料的缠裹方式，范思哲的女装都体现了对繁的不懈追求。

对简的追求。设计师乔治·阿玛尼的设计与上面提到的范思哲的设计截然相反，他大多以简洁取胜，较多地运用黑、灰、深蓝等色调，还独创出一种介于淡茶色和灰色之间的生丝色，将厚垫肩和男子上装宽阔的造型应用到女装上，使整个女装的造型趋向简洁，就连阿玛尼设计的晚装系列都具有种内敛的韵致——简洁、大气、美丽。

二、男性与女性

服饰除了保护、修饰身体的功能外，还有一项重要的作用就是区分性别，也就是说，可以从服饰上看出男女性别的不同。一般来讲，服饰要突出体现男性的阳刚之美和女性的阴柔之美。因此，男性穿西服、西裤、夹克、衬衫等外部廓形较硬的服饰，女性穿裙子、胸衣、丝林等突出柔美的服饰。但是，人们总想着寻求新奇。

（一）对性别差的强调

现代设计中，对男女性别差的强调往往以突出男人或女人的性别特征为代表。如突出女性某个特定的部位——具有凹凸感的胸部和臀部，突出女性整体的身体曲线等。

比较典型的突出男女性别差的设计范例是伊丽莎白·赫莉 1994 年穿的一件礼服。当

年赫莉穿着这件晚装参加了电影《四个婚礼和一个葬礼》的首映式，结果这件范思哲设计的晚装使她一鸣惊人：性感十足的吊带长裙，只用金属别针来连接前片和后片，显露出模特儿赫莉优美的侧身曲线，大胆而又性感。这款设计是否成功，看看它的效果就可以找到答案：穿它之前，赫莉的名字只是著名男星休·格兰特的女友；穿它之后，全世界都记住了伊丽莎白·赫莉，广告、片约纷至沓来。

（二）对性别差的减弱

20 世纪 20 年代，在战争等客观因素的影响下，人们的着装观念悄然发生变化——男人们都上了战场，一些以往男性所从事的职业只能由女性来做了，那些束缚女人腰部的紧身胸衣和笨拙的撑架裙就不那么合适了。此间，杰出的设计师可可·香奈尔预见到了这一点并由此推动了时尚的走向。

香奈尔无疑是现代服饰设计史上一个里程碑式的人物。这个出生在法国乡村的女性具有一颗不凡的心，她曾说过："如果你没有翅膀，就不要阻止翅膀的生长。"这使得她的设计具有颠覆传统的力量：她改变了以男性眼光来判定美的设计立场，在她的眼中，女性自身的舒适和美丽才是设计的出发点，而女性的性别特征退到次要的地位。香奈尔的设计比较注重功能性，她把妇女从突出 S 形曲线的桎梏中解脱了出来，设计非常简洁。她做出了一系列大胆的尝试：她把男人内衣所用的针织面料拿来做直腰身的女性套装，她以男性化的水手装和水手裤来代替女裙，她设计了一系列较为简洁的人造珍珠项链和人造宝石首饰。

在 1926 年，香奈尔发布了一款直腰身长袖过膝的黑色纱质礼服，腰线降低、下摆提升，款式很简单。这款几乎没突出什么女性特征的设计一经推出就迅速风靡世界，它就是服饰史上著名的小黑礼服（Little Black Dress）。

自 20 世纪 60 年代以来，中性风格在时尚界形成一股热潮。这种流行主要表现在服饰呈现出一种无显著性别特征的、男女都能穿着的风格上。这个时期的一些次文化现象对中性服饰的流行起到了推波助澜的作用。如嬉皮的一个典型的着装特色就是紧窄的衬衫和紧身喇叭牛仔裤的组合，穿着这身行头的人，无论男女都留着长长的头发。紧身的衬衫塑造出细细的腰肢，裤子上紧下松形成一个喇叭形，每个人的造型都是如此，所以只有从正面才能区别出男女，仅从背影是无从分辨的。其实，除了牛仔裤外，T 恤衫本来也只是男人的内衣，后来成了外衣，再后来也被女性穿着。男装与女装之间的界限逐渐被打破了。

时装设计师哈代·艾米斯在 20 世纪 60 年代提出"孔雀革命"（Peacock Revolution）的口号，这种提法强调孔雀开屏的魅力，示意男装也可以像女装一样缤纷，以此来展示其雄性瑰丽之风，这也成为带动男人着装新风尚的重要标志。牛仔裤是具有代表性的中性服饰，它的独特之处在于冲破了性别的界限，成为弱化性别以至于中性的服饰符号。它和 20 世纪 60 年代的"孔雀革命"一起使男女服饰的性别差距缩小了，这使服饰的真正现代化又向前迈进了一步。

1983 年，英国的《太阳报》首次出现了一个新造的词"gender bender"，用以描绘那些在着装、化妆和发型上打破男女之间界限的特征。从此以后，中性化的设计方向一直是时尚流行的一个重要方面。

其他设计师，如让·保罗·戈尔迪埃、约翰·加利亚诺、高田贤三等人都大胆借鉴了女性的时装元素进行男装设计，如男式的裙子。这股风潮甚至吹到了进行表演的 T 台上，以往高大威猛的肌肉男型模特儿一统天下的局面一去不复返了，纤细、阴柔类型的模特儿，甚至有着比女人更精致的面庞的男性成为时尚标志。设计师维维安·韦斯特伍德也设计了一些男女界限模糊的服饰，如以摄政时代为灵感的华美海盗系列。

20 世纪 90 年代以来，男装风格在悄悄地变化着。如西装一改以往的黑、灰、棕色系列，而是和各种鲜明的颜色相联系；上浆的材料改为采用轻薄的面料，可以像一层纱一样呈现一种飘逸之风；造型女性化的太阳镜和丝巾也被男人们作为装饰佩戴等。这种减弱男女性别差的趋势一直延续至 21 世纪的今天。

三、掩盖与裸露

掩盖与裸露是一对矛盾，在服饰中有掩盖也有裸露，也有两者一起出现（如掩盖某些身体部位裸露其他部位）。纵观百年的时尚史，时尚文化的一个重要特征是裸露，许多流行的服饰都是以裸露为特点，最初露出脖颈和手臂，接着是小腿，然后是大腿、肚子等，由此可见时尚服饰裸露风盛行之一斑。

（一）掩盖

19 世纪末至 20 世纪初，西方妇女的服饰多保守，除了一些款式露出脖颈及一部分前胸外，其他的地方都被服饰包裹着。妇女的穿着有着严格的规则，服饰有内衣、中衣、外衣以及外出服、帽子、手套等，这些都将妇女的身体层层包裹了起来。

（二）裸露

裸露是西方服饰近一百年来的主题，随着时代的前行、妇女运动的风起云涌，以及服饰禁忌的逐渐减少，女性服饰越来越多地露出肌肤，比较具有代表性的裸露服饰要数内衣外穿和超短裙了。

1. 内衣外穿

内衣外穿是裸露的一种表现形式。在西方，内衣的英文为 Undercover 或 Underwear，它包括紧身胸衣、乳罩、束腰、连胸紧身衣等许多种类。内衣最早产生于古罗马时期。后来的几个世纪，女性将衬裙作为内衣。从 17 世纪开始，女性开始穿紧身内衣塑造身型，紧身内衣从此时断时续地束缚着人的身体长达 3 个世纪。

20 世纪初，伴随着弹性织物在服饰中的广泛应用，内衣变得越来越舒适宜穿。1922 年，接近现代胸罩的内衣被推出。1946 年，一位名叫路易斯·里尔德的法国人推出了胸罩和三角内裤的著名组合，它被冠以于同年爆破原子弹的岛名——比基尼（Bikini）。比基尼只能遮住女性身体上的三个关键点，如此大胆又如此性感的衣服，确实可称为时尚界的一枚原子弹。

但真正使内衣外穿风潮在一个大范围内流行，却是在半个世纪以后，时尚顽童让·保罗·戈尔迪埃设计了令人震惊的衣裳。1990 年，歌星麦当娜穿着他设计的尖胸装在她的巡回演唱会上高歌《物质女孩》。这件服饰的特点是内衣外穿，将传统女性贴身穿在里面的、密不示人的胸衣，作为裸露在外的演出服，颠覆以往内衣棉布、蕾丝的材质特点，塑造具有金属质感的面料，此外特别突出了胸高点，使之形成两个尖尖的圆锥形，是为"尖胸装"，从而掀起了一股强劲的内衣外穿时尚潮流。这之后，各个大牌设计师纷纷推出自己的内衣外穿风格：有维维安·韦斯特伍德的宫廷内衣风格；有让·保罗·戈尔迪埃的内衣搭配长裤；有多尔切和加巴纳的复古胸衣配纱裙；也有香奈尔、迪奥轻薄的蕾丝内衣透视装。随后，这股秀场上的内衣外穿风又吹入寻常百姓家，无论是西方还是东方，女性们以各种方式将内衣外穿进行到底。

2. 超短裙

20 世纪 50 年代末至 60 年代初，伦敦时装设计师玛丽·匡特以街头风格为灵感，首先推出了裙摆至膝上数厘米的短裙，玛丽·匡特使迷你裙成为万众瞩目的焦点。这种款式充满青春朝气，能够使腿显得修长，所以一经推出就得到了少女的喜爱，而成年女性也因为同样的原因，不考虑自己可能已经发胖的体型而孜孜追求。超短裙最盛时期甚至有膝上 20 厘米的惊人款式。随后，设计师安德烈·库雷热把它引入巴黎高级女装的设计中，成为街头服饰被高级时装引用的经典。库雷热把迷你裙与连裤袜、靴子并用，使之被提升到一个艺术的高度，打破了街头服饰与高级时装的界限。它以年轻的特征和极限的膝以上 25 厘米的长度，形成对"高雅传统"的致命一击，因而具有非凡的意义。

四、时间与空间

（一）时间

时尚这个词，简单地说，就是时间与崇尚的组合，即短时间里人们所崇尚的生活。时尚文化中比较频繁出现的一个概念就是时装，这个词侧重点在这个"时"字上，顾名思义，它指的是具有时间限定的服饰，如果将它作为一种社会事物放在社会学研究领域中去认识的话，是指在一定时期（时间）、一定区域（空间）出现，为某一阶层所接受并崇尚的衣服。一般来讲，时装具有"一过性"，其流行有一定规律。某种时装一旦过了"临界线"，即为大众所普遍接受，那就无时装可言了，但是另一种风格的时装又会接踵而来，时装永远如潮水。

时尚文化的特性之一就是它的频繁更替性，这和现代人生活水平提高以及人类普遍的喜新厌旧的心理特征相符合。西方有句名言："女人的衣橱中永远缺少一件衣服。"是对所有的服饰都不满意吗？不是，问题的关键在于没有穿过的服饰才是女性的向往。在短时间内崇尚的服饰具有短暂性，但同时大浪淘沙，有些时装在某个特定的历史时间出现，转瞬即逝退出历史的舞台，有些轮回重新流行，还有一些成为经典而传下去，如中国的旗袍和西方的西服。

（二）空间

时尚服饰文化的空间概念有两层含义：一是服饰所被穿着的场合，也就是英文中"occasion"这个词；二是指衣服本身所塑造的空间，也就是英文中"room"这个词。首先来看时尚服饰所穿着的场合：有在家时穿的家居服、在工作场所穿的工作服、在锻炼身体时穿的运动服、在日常生活中穿的休闲服和参加宴会时穿的礼服等。

众所周知，西方服饰在 13 世纪出现一个质的飞跃，其里程碑就是空间的出现，服饰被塑造成了一个空间，从二维平面走向三维立体，西方的服饰也从宽衣文化走向了窄衣文化。改变比较典型的是女装的胸腰臀部经过处理出现了婀娜的曲线。男装也是如此，近代的一些男士西服甚至能将衣服独立放在地上不倒——因为衣服的内部构成了一个立体空间，使之可以承受自身的重力。

第三节　服饰文化与时尚服饰文化

一、时尚服饰的意识形态

（一）反叛意识的体现

① 嬉皮文化与反叛意识。嬉皮是一种在 20 世纪 60 年代产生于美国旧金山的次文化。嬉皮士是指反对并且拒绝社会传统标准与习俗的人，特指提倡极端自由主义的社会政治态度和生活方式的人。这是一群对社会不满而表现得消极颓废的年轻人，他们推崇东方哲学、非暴力和诗歌，他们迷恋摇滚乐和群居。

② 摇滚文化与反叛意识。摇滚文化是 20 世纪 60 年代西方最为盛行的几种青年文化之一，摇滚派们开着摩托车、听着激烈的摇滚乐，拒绝接受他们看到的一切东西。皮夹克、皮流苏和金属链子是他们着装的标志。具有代表性的典型服饰如钉满纽扣的黑色皮夹克，

上面画着骷髅和刀子，搭配裤脚收紧的蓝色牛仔裤和深色的尖头皮鞋。摇滚文化的代表形象是美国明星马龙·白兰度在电影《飞车党》中的经典形象——穿着绣满主人公名字的黑色铆钉皮夹克、紧腿的深蓝色牛仔裤、黑色靴子，斜戴的鸭舌帽，微微皱起眉头，满脸漫不经心的表情，成为那个时代的偶像，也代表了摇滚派最经典的风貌（见图 5-2）。

（二）另类思想的写照

① 朋克风格与另类时装。朋克是 20 世纪 70 年代西方最具影响的文化势力之一，是着装风格独特怪异的群体的代名词，出现于 20 世纪 60 年代末期的伦敦，与 20 世纪六七十年代的嬉皮士和摇滚乐有着千丝

图 5-2　马龙·白兰度

万缕的联系。穿着这类服饰的人以学生、失业者和叛逆的年轻人为主，他们脸上别着安全别针或刺上各种各样的文身，剪着很短的平头，染着黄、红、绿、浅紫等突兀的颜色，听着刺耳激烈的音乐。

朋克一族几乎是反时尚的代名词，他们把狂暴与黑暗集于一身，他们所崇尚的是一般

人很难接受的,如恶俗文化、自虐、身体穿刺、恋物癖以及其他种种怪异行为。但无论如何,朋克风貌为设计师提供了无尽的灵感来源,也使它的发源地伦敦成为前卫时装的代表。

朋克风貌的服饰基本上都是由廉价的面料制成,因为他们喜欢用人为的方式把衣服撕破,再用大号安全别针别起,所以其服饰经常是开线、抽丝和破烂的,并缀满亮片、大头针、拉链等。黑色皮夹克、黑色紧身裤与有金属饰扣和拉链的牛仔裤,是比较具有代表性的朋克服饰。印有粗俗文字、暴力图案和无政府主义言辞的 T 恤衫,也是朋克一族喜欢的服饰。朋克风貌的女装一般是由紧身裤、面料撕裂的裙子和皮靴组成。除这些衣服以外,他们还喜欢用粗的金属链绕在颈项上作为装饰。被誉为"朋克之母"的英国服饰设计师维维安·韦斯特伍德,在朋克服饰的流行上起到了至关重要的作用。从 1971 年开始,韦斯特伍德与她的合伙人马尔科姆·马克拉伦开办的位于伦敦皇后路的二手精品店"让它摇滚吧"就成为伦敦朋克服饰的一个主要来源地。这个服饰店先后被易名为"活得太快,死得太年轻",也被命名为"叛逆者",并成为朋克和朋克时尚的地盘。

② 街头风格与另类时装。一般来讲,街头风格是下位文化的代表,但它能动摇上层社会的时尚流行。1962—1968 年,街头风格以其特有的魅力和新奇,挑战并最终颠覆了高级时尚的领导地位。街头风格时尚的中心是通俗文化——通俗艺术、通俗音乐以及通俗政治。街头风格也是一种反秩序的风格:它打乱了从女儿到母亲、从儿子到父亲、从业余到职业的过程与秩序。街头风格往往将同时期的主流服饰和二手服饰放在一起,经过修改与装饰之后,使之产生一种新的风格。

(三)社会思潮的反映

任何时代的服饰不仅是当时政治、经济的缩影,也是意识形态领域的产物——时代思潮的反映。服饰变化不是孤立进行的,而是物质文明和精神文明的双重产物,是社会政治、经济、文化、意识形态等方面综合作用力的结果;人类对服饰的期许不只是停留在蔽体、保暖的功能上,它还肩负着解读穿着者的审美、品位和知识水平等诸多因素的使命,而这一切可以用一个词来概括,那就是文化。这个文化是狭义的服饰文化,而广义的文化是一个广博的概念,在服饰领域内它是土壤,服饰文化是在"大文化"的概念中衍进变化的。从理论层面来说,服饰是介于艺术与非艺术之间的特殊物质形态,它一方面是社会的物质基础(生产力发展水平)的产物;另一方面也受艺术、文化等意识形态的影响,像一面镜子,折射出当时的艺术思潮的变化。

二、时尚服饰的审美特征

(一)新颖时尚

时尚服饰的一大特征就在其"时"上。求新求变是人类的本性,也是社会前进的动力。一般来讲,人穿衣有两个层面的社会认同需要:求同与求异。人类是一种渴望得到认同的群体,人们在穿衣上有着趋同的倾向——通过穿着与所认同的群体相似的服饰,以使自己成为这个圈子中的人;但同时,喜新厌旧也是人类的天性,越来越多的人所穿的衣服和自己相似后,人们就会产生逆反的心理,渴望求新。如此循环,时尚服饰的流行得以延续。因此，新颖时尚是时尚服饰的首要审美特征。

（二）高贵典雅

现代社会中，人们可选择的服饰越来越多，遮体和保暖的最低要求已经远远不能满足人们的需要。时尚服饰的流行在于它紧随时代的潮流又有自身的特点：时尚服饰在一定程度上对审美和品位要求都较高。高贵典雅是很多时尚服饰的特征，无论是日常的便服，还是在社交场合穿着的礼服，时尚服饰审美特征的这第二个特质都是很多现代女性所追求的。

（三）耀目吸引

人类穿衣不仅为自己，也为别人，吸引其他人的注意力是很多时尚服饰穿着者的穿着目的。这是品牌的设计宣言。被称为"高跟鞋之帝"的莫罗·伯拉尼克设计的是非常具有女人味，且性感、华美而不过分张扬的鞋子，顾客很难在莫罗·伯拉尼克的产品中找到鞋跟低于 5 厘米的款式。它的特点是有着窄窄的鞋尖的细高跟，上面缀满了诱人的水晶、人造宝石、羽毛、珠片、缎带等饰物。伯拉尼克的设计非常耀目，比如说麂皮材质款式，除了拥有如丝绸般细致柔滑的触感外，其不同的倒顺毛会呈现不同色泽的光芒；如果是黑色的鞋面就会配上白色真皮齿状的镶边，使黑的更黑、白的更白，对比色强烈又和谐。伯拉尼克被认为是女性对鞋的终极梦想，它拥有出众的外观，以至于有些人曾说：在 40 步以外，人们都可以准确无误地从它那优美的弧度中认出它的牌子。穿上这样的鞋子，很难不达到吸引人的目的。

（四）惊世骇俗

惊世骇俗是时尚服饰的审美特征之一。在时尚的舞台上，很多设计师和穿衣服的人都希望通过惊世骇俗的服饰来达到张扬个性的目的。

在穿衣方面，Lady Gaga 的惊世骇俗令人目瞪口呆。这位歌手兼演员在大都会艺术博物馆的舞台上昂首阔步、手舞脚蹈，最后的装扮是复古 Gaga：闪亮的黑色胸罩、热裤、渔网紧身裤，以及高得离谱的厚底靴。

Gaga 因为她的出格、丑闻和总是倾向于艺术夸张的着装选择而出名。胸罩和内裤是她的标志性装扮，还有一些标志性的突出时刻，比如在 2010 年 MTV 音乐录影带大奖颁奖典礼上，她穿着一件由切得很薄的沙朗牛排做成的裙子。Gaga 还用菲利普·崔西龙虾头戴式头饰和乳胶，换得华丽的舞会礼服、经典的发型和妆容。

在设计师方面，让·保罗·戈尔迪埃因"尖胸装"而让全世界记住了他，也领略了他前卫的设计风格。这之后，他不断从蒙古、中国西藏、摩洛哥、印度、美国芝加哥黑帮、嬉皮士、日本艺妓等不同国家、不同地区、不同民族、不同类别的人身上汲取灵感，设计出一件件惊世骇俗的作品。

三、时尚服饰的内涵意韵

时尚服饰的内涵意蕴，一般与社会生活、社会思潮以及人们的心理状况息息相关，且时尚服饰的内涵意蕴丰富，可以从中看到大到一个时代、小到一个时期社会的政治、经济、文化诸方面因素；可以看到人们的审美趋向、所思所想以及流行风尚。

20 世纪 90 年代以来，随着全球气候的变暖、自然环境的日趋恶劣，"环保""自然"成为频频出现在报纸杂志中的热门词语，人们更加注重以一种环保的姿态工作和生活，于是有很长一段时期，时尚舞台的服饰不再过分注重装饰与细节，棉、麻等天然纤维的服饰又成为人们的挚爱。

近年来，动物保护组织不停地以示威和游行等方式对猎杀动物的行为表达反抗与不满，在矛盾最激烈的时期，曾有超模全裸登上著名时尚刊物以示抗议，而各个时尚大牌不约而同地在当季的设计和展演中减少皮草的用量，甚至完全杜绝。

四、时尚服饰的设计理念

时尚服饰的设计理念是为达到不同的服饰设计要求而建立的。一般来讲，时尚服饰具有四个审美特征，即新颖时尚、高贵典雅、耀目吸引、惊世骇俗，也囊括了穿着者通过穿着时尚服饰所要达到的目的。而设计理念是为穿着者服务的，时尚服饰的设计理念就是根据以上不同的目的，采用不同的设计手法来进行设计的理念。时尚服饰的设计理念没有一定之规，一般而言可分为求新、求异、求怪、求雅致、求出众、求出位等几个方向，需要设计者根据具体的需要定下一个基调，然后从服饰的形态入手，从款式、面料、图案、细节等诸多方面进行设计与思考，以达到既定的设计目的。

五、时尚服饰的功能

（一）装身的需要

服饰最基本的功能是它的实用功能，时尚服饰也如此，装身的需要是其最基本的功能。有一种说法认为服饰是人的第二层皮肤。穿着时尚服饰与穿着其他服饰一样，使人在外观上从自然的人变成社会的人——不必裸体相见，可以避寒保暖。

（二）身份的需要

在阶级社会中服饰是身份的象征，在现代社会亦是如此，只不过这个身份有了变化。在阶级社会中，因为服饰形制、面料、色彩等要素的不同，观者能够清晰地识别出穿着者所处的社会阶层；而在现代社会中，时尚服饰对穿着者阶层的区分不是那么明显了，并且款式这个要素在穿着者身份的判定中不起什么作用。尽管如此，人们依然能够从时尚服饰的面料、做工、设计上来判断时尚服饰的价值，并以此推断穿着者的经济水平。

（三）内心的需要

满足内心的需要，是时尚服饰一项非常重要的功能。现代社会生活节奏日益加快，人们的工作生活压力日益加大，人与人之间关系日益疏离，这所有的一切使得人们渴望挣脱束缚、张扬个性、求新求变。流行性是时尚服饰所具有的一大特征，而个性化也是时尚服饰设计的一大趋势，这些恰恰能满足人们彰显自我、不断追求变化的内心需要。

（四）审美的需要

人们穿衣的一大目的是掩盖自己的缺陷，突出美的方面。与其他服饰相比，时尚服饰最能满足人们审美的需要。人类有着数千年的穿衣历史，这期间产生了无数美丽的服饰，并经过异常丰富与风格迥异的 20 世纪的一百年。时间的车轮走到今天，时尚服饰中所

"开"出的艳丽花朵注定是风格最为多样、姿态最为摇曳的。经过一百多年的洗礼，设计师所能在时尚服饰中展现的美是最为成熟的；在资讯发达的今天，穿着者可以选择的美的款式、色彩、图案也是最多彩的。这一切，决定了时尚服饰具有强大的、满足人们审美需要的特性。

第四节　服饰时尚化设计

一、时尚服饰设计理念

服饰不仅具有实用的使用功能，还是民族文化的载体。在社会的发展过程中，它往往伴随着流行趋势，与时尚息息相关，对于特定的历史阶段而言，它也往往代表了特定时期和特定地域的精神风尚和时代特点。我们在吸取各民族文化的养分的同时，也要注入更新的设计理念。只有对民族与传统服饰文化进行深入的概括和提炼，才能把握民族服饰的精髓，把握民族化与国际化的辩证关系，设计并生产出既有民族与传统意味，又能体现时代精神的优秀服饰作品。

（一）以人为本的设计理念

以人为本是现代服饰设计界的一个热门话题。在现代设计领域，以人为本的设计理念被广泛提升，将人的需求特别是心理需求和生活需求作为其设计的准则。这便突出了服饰设计为人和社会服务的设计之本。

纵观服饰发展历程，人们已逐渐把身体从束缚中解放出来，完全打破了那种无视人性与人身价值的设计思想，例如中国古代的缠足、西方的鲸鱼骨束腰。另外，虽然我国历代崇尚的都是平面裁剪风格，但是从其袖型和腰身的细微变化中，也能感受到其潜移默化的以人为本思想，但是这些设计理念表现得都比较隐讳。这些设计思想和形式的变迁都在逐步适应和满足人们所处社会、环境审美与功能的需要。

服饰设计主张"形式追随功能"，也就是说要求设计的形式和设计风格的变化应以满足服饰的使用功能为前提。工业化的大批量生产使服饰失去了其应有的人情味和个性化，忽视了服饰中人对情感诉求的满足。面对如此情境，人们着手重新挖掘和定义以人为本的设计内涵，结果是好的设计应"形式"与"功能"相提并论、"精神功能"与"物质功能"同时存在。于是，才有了目前市场上满足不同消费群体需求、符合不同设计风格的服饰产品，如简约的、传统与古典的、休闲的、中性的、奢华的、前卫的等式样。当然，服饰风格的多元化也是人性思想与精神内涵多元化的要求，以人为本的设计理念也正是基于这种背景而产生的。

（二）绿色设计理念

随着生产力的发展，服饰行业走向了工业化。服饰市场由卖方市场转向买方市场，人们对服饰的购买欲随时尚观念和生活质量的提高也越来越高，从一定角度看意味着某种浪费，即富余服饰的处理问题。工业化大生产在推动社会进步的同时，也给人类生存环境带来了诸多的负面影响，因此，绿色设计概念在服饰设计领域应运而生。

所谓绿色生态服饰概念主要包括服饰面料及辅料的绿色倡导和穿着方式的生态化。一个新时代文化的孕育与成熟总是伴随着经济和科技的发展，绿色生态观念从而也成为21世纪服饰文化的新注解和新内涵。

绿色设计要求在进行服饰设计的同时，既要考虑服饰的功能和设计，又要考虑原材料、加工过程、包装设计及消费者使用过程中是否舒适、健康，还要考虑服饰使用周期结束后的回收问题等与环境相关的诸多问题，也就是所谓的可持续性。它是以崇尚自然、弘扬生态美、倡导人类与自然和谐共进为前提条件的。近来出现的玉米纤维、大豆纤维和牛奶纤维等可再生环保纤维及彩棉服饰的热销与火爆就足以证明人们对绿色设计的关注和认可，因为它们完全符合人们对环保、时尚的要求，于是，便有了服饰设计形式与特点上的简约路线——去掉没有必要的装饰，在美与机能的基础上力求材料的节约与环保。在设计风格上主张"返璞归真"，突出材质本身的美感，采取宽松合体的设计造型以符合人体的自然形态。色彩上选取以自然色调为基调的明快色彩组合和原色组合以及含有空间感的中性色彩。例如，"五色土"是北京的一个服饰品牌，主营成人时装、休闲装。其突出特点是运用大量的苗族、侗族刺绣图案，设计严谨、整体协调、注重细节。面料以天然的丝绸、棉、麻以及化纤为主，局部配以手工绣片，色调沉稳和谐。

在服饰设计中，绿色设计主要包括以下内容：

1. 选择绿色材料

选用绿色材料是现代服饰设计的一个新方向。其主要是指在服饰面料选择上使用环保纺织品。环保纺织品是指产品从原料选择到生产、销售、使用和废弃处理整个过程中，对环境或人的伤害最小的纺织品，即具有"可回收、低污染、省能源"等特点的纺织产品皆可称为环保纺织品，或绿色纺织品。其具体概念如下：①原料，最好选择对环境影响最小的天然动、植物原料。②生产，在整个生产过程中应尽量避免对空气及水等环境资源造成污染或损坏。③销售，加强推销绿色纺织品，设"绿色专柜"，宣传"绿色消费"观念等。④使用，产品用于过滤空气、水及防噪音等方面，解决部分环保问题。⑤废弃处理，产品使用后弃置对环境的影响应最小。目前，美国、日本、欧洲等国家和地区环保纺织品的发展领先于世界其他国家，如杜邦公司研究的聚酯纤维 Biomax 能借助微生物的消化作用而分解成二氧化碳和水的化合物，不会污染环境。英国考陶尔兹公司在获得荷兰阿克苏·诺贝尔公司 Tencel 短纤维生产许可证后，经过几年研究，终于在 1989 年研制成功一种全新的无污染人造天然纤维（精制纤维素纤维）——Tencel 纤维。Tencel 纤维是考陶尔兹公司独家注册的商标名。该公司于 1993 年批量生产 Tencel 纤维，并向世界销售。Tencel 纤维与棉、麻、羊毛、聚酯、莱卡的混纺面料的结合符合现代服饰设计理念和未来服饰设计发展趋势。现代服饰设计理念的主要特征广泛应用于高级时装、衬衫、职业装、休闲装、内衣以及运动装。Tencel 纤维服饰使人们享受到 21 世纪的舒适与健康。而中国在环保印染助剂方面也小有成就，先后开发出 DS、LPA、DUR 等环保性无甲醛固色剂、无甲醛涂料印花交联剂及无甲醛树脂整理剂等。NCEL 纤维号称天然纤维，当然不是纯天然的，而是由天然木质中的纤维素制造的。在制造过程中，其不像合成化学纤维那样排放有害物质，故又称环保纤维。

环保纺织品是 21 世纪纺织品的发展趋势，目前环保纺织品开发的重点为：

① 开发可回收利用的纺织品。回收再利用已成为先进企业亟待达到的目标。全球各大纺织研究机构都正致力于产品回收再利用的研究，各有关部门也利用废物再生，以降低原料成本、创造商机。预计将来有更多的纺织品可进行回收再利用，以达到保护环境的目的。

② 开发节约能源的纺织品。纤维直径越细，热传导系数越小，隔热保温效果越好。在保持纺织品原有功能的前提下，可开发出减少原料的耗用量但仍具有保暖效果的纤维织物，即可达到节约能源的目的。另外，开发易洗防污的纺织品可大幅度减少水及洗涤剂的使用，降低河川污染，成效更为显著。如北京的服饰博览会上就有用纳米技术制作出来的面料，用纳米涂层涂在普通面料上，污渍颗粒难以进入。其是现代服饰设计理念和未来服饰设计发展趋势之一，这样即使白色的面料穿着数周也不会变脏，大大节约了资源。

③ 开发轻薄的多功能性纺织品。功能性纺织品亦为环保产品之一，目前应努力开发轻薄又吸汗的运动服，高强、轻薄的防弹衣，可调节温度的纤维材料及轻薄的医疗用纺织品等。

④ 开发水土保持用纺织品。人类过度地使用土地，造成绿地减少，自然环境遭到破坏，使全球温度比 200 年前上升 1.2 度，土地干旱日趋严重，南北极冰河融化，海平面上升。种种连锁效应已使人类警觉到生存的危机，因而需开发各种具有水土保持效果的纺织品，如防止地面水分蒸发的遮地织物、保持土壤湿度的保湿布等。

⑤ 开发防治污染用纺织品。防治污染可多管齐下。从治本方面来探讨，生产可分解材质的纺织品最为迫切，经分解的纺织品可免除对地球造成公害。除此以外，不可分解的纺织品已朝回收再利用方向发展，亦可免除对环境造成公害。在治标方面，层出不穷的漏油事件，对河川、海洋的生态环境破坏甚大，因而需开发出对油具有高吸附性和穿透性的纺织品，以吸收污油而达到防护功能，防治水源的污染。另外，开发过滤空气及治污水的纺织品也是主要的发展方向。

⑥ 开发环保型新浆料。从环保和节能出发，从缩短整个浆纱工艺角度考虑，研发出冷浆新浆料，即可用含有较少量胶体物质的浆液，于室温下进行上浆工艺处理，浆纱不需烘干。使用冷浆可节省较多成本，缩短工艺流程，符合环保要求。

2. 制造工艺环保化

选择了环保纺织品，就需要考虑在制作流程中尽可能地节约能源，比如使用可再生能源，使用风能、太阳能，依据"少入少出"的原则，少用额外能源；使用计算机辅助制板，降低纸张的耗费量；降低生产过程中机器噪声的污染等。

对于生产垃圾，在服饰中多表现为边角废料的回收再利用。因为以上的所有措施均可降低成本或是提高生产效率，只需稍加留心，完全可以起到事半功倍的效果。绿色制造符合时代精神，也可以给服饰制造企业带来利润。

3. 产品包装环保化

无论是服饰或是饰品，从生产的地方经过流通到达消费场所，通过层层关卡，这就需要服饰再生产出场之后进行一系列的包装。在服饰包装中做到绿色化有以下几点措施：

① 包装减量化。把许多部件构成的包装中多余的一些部件除去。其中，有些是由技术未成熟引起的，更多的则是由追求虚荣或是沿袭习惯引起的，人们通常认为包装华丽、具有美丽外表的物品才具有魅力，甚至一件小小的内衣也会用极大的盒子包装。将这种陋习舍弃需要企业以及消费者共同的努力。而若想使由部分削减引起的包装的简单化不至于显得寒酸，就需要借助包装设计者的力量。

② 再生材料利用。要有效利用"再生纸""再生纸浆""再生塑料""再生玻璃"等包装服饰品。人们习惯性地认为比起原始材料，再生材料的强度与外观都略逊一筹，实则不然。现在我们也可以看到很多服饰品牌的外包装袋上写有"使用再生纸制造"的字样，而且它们的外观很精美。

（三）"兼收并蓄"的设计理念

服饰在某种意义上可以说是思想文化的载体，它有着十分丰富的内涵。各国设计师在不同地域、不同民族中寻找创作灵感，这样的意识下创造出来的最终服饰设计作品，蕴含的多元文化逐步取代了单一文化，不同民族的、地域的、宗教的文化特点逐渐被设计师挖掘和应用。

前些年迪奥的设计掌门人约翰·加利亚诺两次来到中国采风，寻找创作灵感，收获颇多。在当年的发布会上，他把中国旗袍的式样、"文革"时期的装束加以创新并搬上了 T 台，紧接着便是对日本文化的借鉴，对和服造型进行设计创新。他对东方元素的借鉴和包容，在西方设计领域引起了一阵阵的轰动。服饰中兼收并蓄的文化思潮形成了一时的主流。

与此同时，西方民族的文化精髓同样也被当今中国的设计师所借鉴吸收。如在近几年的中国国际时装周上，可以看到服饰设计作品中大量斜裁形式的运用，在流线型的设计当中颇具美感；设计风格趋向多样化，我们可领略到放荡不羁的波西米亚风格、粗犷的西部牛仔风格等。中西合璧、兼收并蓄的设计文化理念同样也在广大消费市场上得到认可。又如，流行的立体服饰面料通过褶皱等多种处理方法，使织物的表面产生肌理效果，加强了面料的立体外观，使民族民间服饰兼具有外敛和内畅的效果，减轻了压迫感和束缚感。

所以，在服饰设计中，按照一定的法则把诸多元素进行合理重组，运用现代的设计手法和演绎形式进行创新，服饰便具有了更丰富的文化内涵和创作魅力。文化没有国界，当设计与多元文化相碰撞时，设计便有了新的内涵。

（四）"与科技同步"的网络化设计理念

科学技术是第一生产力。这无疑也为现代服饰设计注入更新鲜的血液。"与科技同步"的网络化设计理念主要体现在：服饰设计师所设计的新作可以通过计算机的程序设置直接进行面料置换、色彩选择、样板分析、三维试衣等尝试和风格变化，并且可以通过网络与相关人员直接讨论、获得评价、及时讨论改进方案；在定制服饰中，设计师可以与顾客实现网络互动，询问顾客的喜好并进行修改，设计师还可以通过顾客的人体三维服饰模型进行分类设计与试穿及版型的修改，直到顾客满意。还有一种网上虚拟服饰设计是网站对顾客的身材进行扫描，然后获得他身材的 3D 电子模型，该模型可以用来试穿网站上的服饰。

此外，在网上销售服饰，既能节约企业开支，又方便消费者购买。对于企业来说，只要提供有关商品信息的查询和现场试衣系统，和顾客作双向沟通，顾客只要把自己的三围和产品代码输入产品数据库，计算机就能及时把顾客选择的服饰通过模型试衣呈现在顾客面前，以提高购买率。

二、现代服饰市场的流行趋势

（一）简约优雅

简约风格，早在 20 世纪 60 年代就已出现。进入 21 世纪以来，随着人们生活节奏的加快，在建设节约型社会的背景下，人们的消费观念有所转变。人们开始青睐简洁高雅的服饰类型，渐渐摒弃了繁复的装束。然而，简约却不是单纯的简单，简单却拥有非凡的品质。现代都市女性已经被工作中的"效率"所束缚，我们很难想象为了完美，她们可以花费很长时间去挑选搭配，因此，去繁就简的设计既符合社会的大背景，又符合职业女性的着装心态与要求。

像著名品牌阿玛尼、路易威登、普拉达等都是以简约的设计、优雅的气质赢得市场的。范思哲 2008 年的设计理念首先从配饰上就大胆采用未来主义风格。主打（金色）亮片设计，胸部采用 PVC 材质直接成型。人体的结构分割也采用整体塑身设计。其目的就是性感，让女性女人味十足，并追求一种强势夺目的舞台效果。整体风格的调整就是更加注重剪裁，简化烦琐装饰与褶皱，注重里衬的结构，托起曲线。可以说，简洁、自然、优雅已成为国际化的服饰审美标准之一。

（二）休闲自然

自 20 世纪 90 年代以来，休闲自然的风格成为现代流行服饰的表现主题之一。现代工业对自然环境的破坏、繁华城市的拥挤以及快节奏生活给人们带来了各种精神压力。休闲装的广泛流行，也是人们心理对压力的释放和对束缚突破的一种方式，说明人们在追求一种平静自然的生存空间，渴望人性的回归。

除此以外，休闲、运动元素也频频出现在正装与礼服的设计当中。以北京顺美服装股份有限公司为例，"顺美"休闲化风格的西服在销售上逐年递增。过去，严肃稳重的西装被公认为是白领甚至成功人士的代表装束。随着现代生活方式与思维方式的改变，人们厌烦了旧有的刻板的标准，掀起了随意休闲的风潮。传统上班族服饰文化被改写，在美国，牛仔裤随着克林顿进入了白宫，登上大雅之堂。从心理学角度讲，穿休闲装的人可以让人感到他有一种遮挡不住的活力、永远用不完的精力。

（三）绿色健康

人的需求总是多种多样的，在满足了审美和使用的基础上，健康穿衣的概念就应运而生，服饰本身的健康指标越来越受到重视，尤其在儿童服饰方面。人们在选择服饰时，除了款式、色彩之外，服饰的面料成分及吸湿性、透气性、保暖性能、卫生等成为关键。但是，目前我国消费者对绿色服饰的选择还是主要关注贴身的内衣，对其他类型绿色服饰的态度预热较慢，因为在人们的观念里，只有和皮肤紧密接触的衣服才需要绿色环保。当然这需要一个过程，就好像最初人们从穿天然的棉、毛、麻、丝制服饰向穿化学纤维的服饰转变，再回到穿天然纤维服饰一样，科技的进步与消费者意识的变化起着关键性作用。这种发展方向毕竟是符合时代要求的。

所以，绿色健康环保服饰必将走在时尚前端，它兴起的同时也会为企业带来巨大的商业契机。

（四）弘扬个性

现今社会的人们，尤其是年轻人受本国文化发展及外来思潮的影响，十分注重个人风格的体现，尤其是在服饰上，他们需要张扬自己的个性，前卫、不拘一格的着装方式冲破了种种传统观念的禁锢。传统意义上前卫的服饰风格是一种精神象征，反映了以自我为中心的风格特点。而现在人们所理解的前卫，是出于自身对美的要求而走在时尚流行的前沿，在前卫着装风格下彰显个性。此外，为大多数人熟悉的街头时尚，往往也是利用最普通的服饰挑战传统，传导出叛逆、朝气、玩味、童真的意味。比如迷你裙与长裤的搭配、长靴与窄腿裤的搭配、T恤的层叠套穿及乞丐装的延伸等，这种完全按照自己的意愿去创造和表现自我的奇异组合、怪诞的样式，也给人们带来了不一样的视觉冲击力。很多设计师都把街头服饰的特点运用到高级时装设计上，创造了很多别出心裁的个性化设计。比如，"朋克之母"维维安·韦斯特伍德，她早在20世纪70年代就以叛逆的服饰风格成名，她别出心裁地推出的"朋克风貌""海盗风貌"得到了广泛的认可。今天，韦斯特伍德的许多设计已经汇入主流的设计理念中。从精神上来讲，后现代主义对服饰理念、结构和审美的叛逆正是与嬉皮士、朋克运动的一脉相承。约翰·加利亚诺将颓废的街头乞丐装的特点运用到诸如高贵优雅的迪奥的高级定制服中。街头时尚正在变成大众流行的一种风尚。另外，市场上的无性别差异的中性服饰也迎合了消费者的个性口味和求异心理。

三、现代服饰的文化走向

服饰产品需要一种文化作为其产业的后盾。只可惜人们往往把文化与产品分离开来，文化成为"外衣"，成了遮掩的工具。人们并不知道文化产品的真正含义，并不是找几个漂亮的明星做衣服架子、在时装杂志做了报道就算服饰文化了。许多企业愿意从概念化角度考虑市场。这里有一个重要的区别，就是成熟的企业会首先制造出一种更好的产品，人们会登门向其订货。相反，那些不成熟的企业是查明谁需要什么，相应地去满足市场的那种需求。比如一些中小手工作坊就是大量仿制或借鉴大品牌和市场流行款式，进行成批量生产，而其本身并没有完全独立的设计及市场研发部门。成熟的企业总是设法改善产品，加强组织结构，努力使自己的产品提高文化品位；而不成熟的企业总是按照市场的需求改变自己的生产。这就是前面所述及的，是文化在前还是市场在前这个关键问题。

我们身处一个文化变革的年代，而最根本的变革无疑是市场经济的迅猛发展。在这一发展中，当代社会的变革涉及政治、经济、文化多个层面，各个层面的变革又相互影响、相互渗透。大众消费时代已开始进入社会层面，商品消费已经在悄然改变着人们的生活方式。关于文化的功能现实，约翰·斯道雷在文化理论与通俗文化导论中阐述了马克思和恩格斯的分析态度。他解释说，唯物主义的历史观首先在理解和分析一个文化现象时，必须先将其放到它所产生的历史时期中，根据产生这一文化现象的具体历史条件来进行分析。

也就是说大众文化现象的产生，是当代社会条件下的产物，是上层建筑的一种意识形态形式。当然，这里也存在着一个不容易说清楚的问题，那就是历史条件归根结底还是经济条件。因此，文化分析很快蜕变为经济分析，文化成为经济的一种被动反应。正如马克思和恩格斯所警告过的那样，保持一种动源和结构之间的微妙的辩证逻辑是至关重要的。例如，对于服饰的研究必须进行全面分析，必须将产生其大众性的经济变革情况和产生其具体表现形式的服饰传统两方面都作为重点来考虑。服饰的研究不能仅仅用社会经济结构的变化来解释，更需要进行文化的探索。按唯物辩证法的分析来看，不论直接与否，现代服饰文化出现与市场经济的生产方式所发生的变化，二者存在着一种真实和基本的关系。

对于服饰的美学解释要比弄清楚哲学中的美学容易得多。要准确理解一部货真价实的文化作品的寓意很困难，而要看出一部大众文化作品中隐含的寓意却一点都不困难。一位服饰文化学者曾撰文谈到美学问题，指出没有哪一位消费者会带着哲学高度的美学观来理解一件适合自己的服饰，只要惬意和满足就足够了。赫伯特·马尔库塞在《单向度的人：发达工业社会意识形态研究》中写道：文化工业不鼓励大众超出现存的范围去思考。大众文化产品所带来的是各种定式的态度和习惯以及精神和情感方面的某些反应，这些反应使消费者在不同程度上愉快地与生产者紧密结合起来。这些产品向消费者灌输某些思想并操纵他们的行为，带给他们一种比以前要好得多的生活方式。现代服饰文化的实现是建立在一个真实的文化形式之中的，碾平了文化和社会现实之间的对抗性，并凭借更高层文化构造现实的另一面，而现代服饰的文化价值观又是通过大规模的再生产和展示这些文化价值观得以实现的。

现代服饰常被当作艺术与生活碰撞的成功表现，这很值得重视。时装强烈的艺术性引导着现代服饰的发展走向，同时也牵引着服饰生产和服饰市场，弘扬和传播服饰文化。换言之，现代服饰的发展在很大程度上代表了一个时代的精神面貌和艺术特征。"一个民族、一个时代的文化艺术形式、特征，正好是这种历史变迁的里程碑，其表现出来的造型风格就是里程碑的碑文。"现代服饰不再仅仅是越来越多的依据技术标准、功能需要和商业性质制造出来的东西，而是在肩负着营造时代精神风貌的日常生活环境的重任。现代服饰能帮助我们去理解社会大众的生活方式、思想、态度、观念和意识形态等重要信息。

大众文化从观察方式上超越了艺术与生活之间的界限。浪漫主义作家维克多·雨果曾经预言，一个成熟了的时代意识，热闹和大军都休想阻挡。在商品经济市场和现代艺术的文化环境中，现代服饰艺术化、时装生活化无疑将是服饰生产的一种趋向。

在当今的国际服饰文化和服饰设计界，一股东方文化的热潮正席卷着，世界开始用一种新奇的姿态和眼光认识与领悟东方的文化内涵，以寻找新的服饰文化发展因素和服饰设计语言。近年来世界 T 台上的展示表明，中国少数民族的服饰魅力正成为诸多设计师争相应用的源动力。设计师不断从少数民族服饰中汲取创作灵感，结合时尚元素创造出既有民族文化又具时代精神的服饰外观。这种体现民族风情的服饰作品，在世界舞台上越来越变得国际化，这种超国界的设计品位真实映射出了"民族的终将是世界的"的文化内涵。"21 世纪中国将成为新的世界服饰文化中心"，国际服饰文化研究的理论家们这样预测，而我们的设计师与服饰文化研究者们也正为这一目标的实现努力着。

第六章 服饰的流行趋势与创新研究

第一节 服饰的流行趋势

一、服饰的流行与服饰文化

与其他文化一样，服饰文化是人类文明的一个重要构成部分，透过服饰文化，人们可以进一步掌握人类历史发展的脉搏和社会文明演变的轨迹。流行是因人类社会不断变换的需求出现的，服饰的流行由来已久。很长一段时间以来，人们对服饰流行还一直停留在感性的认识上，尚未能从更深的文化层面上对其做理性的思考。所以我们有必要讨论服饰的流行与文化之间的关系，从中引出规律性的东西，对于指导服饰设计、把握流行方向具有重要的意义。

（一）服饰美是文化的体现

服饰被人称为"流动的建筑""活动的雕塑"。服饰美的最大特点是衣服与人的完美结合，它具有艺术的精神属性，能给人带来精神上的愉悦，然而又有别于纯艺术。它首先必须是人工创造的产物，必须具有使用价值；其次，服饰的设计必须给人以美的享受，从而确定设计与艺术之间以一种新的、独立的姿态存在于特定位置。一件衣服未被穿上人体之前，严格来说还不能算是一件艺术作品，只有"以装扮为基础产生的整个服饰式样"，即合适的人穿上以后，才能形成整个意义上的服饰美。如今，时装表演与影视、戏剧一样，已发展成为一种独立的艺术形式。对于一个专业模特来说，不仅必须具备美丽的容貌，还必须具有包括音乐、舞蹈、美术、表演文学及美学等各方面素养，所以说服饰美也是一种文化的反映，同时受社会意识、社会文化和科学技术的影响。流行之美究其渊源在于人们文化价值观念对美的确认，然后在服饰上得以体现。

1. 文化特征

服饰是人类自己创造的，又被人穿在身上与人类共同构成整体的服饰形象，从而进入社会生活。就这一点来说，其他的文化载体只是由人创造，然后由人欣赏或品味，而绝没有像服饰这样与人类有同一个社会符号这种典型文化特征，所以说服饰也是一种文化服饰，具有一定的装饰意义和象征意义。我国清代官员脖子上的朝珠、僧尼颈项上的佛珠以及西方神职人员胸前的十字架项链，无不是特定年代文化特征的标志。饰品在使用过程中，效果之好坏并非完全取决于其自身的经济价值和量的多少。例如，职业妇女通常穿深沉、柔和色调的套装，配以精致、细腻的配饰，这种简洁大方的服饰十分符合端庄、秀丽的事业型妇女形象；当然也有人追求指指箍金、重链累累，他们认为珠光宝气是他们财富的象征，在他们的心目中，服饰的品牌比款式要重要得多，服饰品牌是他们地位的代言。

现代知识阶层更注重服饰的个性而不是品牌，这并不是因为他们囊中羞涩，而是文化背景的不同赋予他们理性的价值观，极力追求个性化是他们的着装观。他们可以在休闲西服里加一个低领 T 恤，他们可以让普通的文化衫与洗得发白的牛仔裤尽显青春活力，对他们来说，真正穿衣的乐趣蕴含在创造里，独具匠心的服饰已用无声的语言代替了有声的语言。所以说不同的穿衣风格体现了不同的时代、不同人的文化特征和文化素养，不同风格的服饰也是人们文化价值观的体现。

2. 社会特征

车尔尼雪夫斯基曾说过这样一段话："每一代的美都是而且也应该是为那一代而存在的……当美与那一代一同消逝的时候，再下一代就将会有它自己的美。"随着社会的变迁和发展，服饰也经历了一个历史的必然。古老的精雕细刻的装饰、工艺繁复的重彩满绣，与古代农业社会那种特定的闭塞环境和安宁闲适的生活方式相适应，在经历了几千年的辉煌之后，作为一种灿烂丰厚的文化遗产，其价值是永恒的。20 世纪五六十年代妇女的高跟皮鞋、长而柔软的丝绸连衣长裙；男士的西装革履、礼帽手杖，显然昭示了那个年代特有的受外来服饰文化影响的社会现象。军装本来是战争的产物，但它一度成为 20 世纪 70 年代的流行服饰，同样说明了那个年代单一的服饰色彩，也证明了那个动荡年代里特有的服饰追求。在 20 世纪 90 年代以后，快节奏、高效率的现代社会街头，色彩鲜艳、款式新颖的现代时装比比皆是，让人眼花缭乱、目不暇接，时装犹如一朵朵盛开的鲜花，使中国古老的城市千姿百态、美不胜收。这种服饰的新旧更替，意味着社会从低级到高级的不断发展。

3. 服饰是流动的建筑

"建筑是凝固的音乐，服饰是流动的建筑"，诠释了服饰与建筑之间的微妙关系。人们看到的未经裁剪的斗篷据说就是借鉴了古希腊建筑的风格。为突出建筑美，一些时装设计师大胆应用几何图形和抽象形式，以轮廓分明、线条清晰、图案简洁和色彩对比为特点，表现出强烈未来主义倾向的建筑风格，使得他们的作品更具个性特点。有人说，衣服是把人体比例显得更美丽的、瞬间的建筑。服饰与建筑的联姻，如历史所证明的那样，必将孕育出更多千姿百态、绚丽多姿的服饰新形式、新款式。

4. 服饰是绘画的艺术

服饰与绘画，虽分属于两个不同的艺术领域，但两者之间的渊源由来已久。打开一部服饰史，人们不难发现，罗马式、巴洛克式服饰，基本上都是与属于同一风格的绘画同步共生的，西班牙画家毕加索的绘画用色沉着，被美国设计师维塔蒂尼用于毛线衣设计，那种金属色、灰色、棕色的不规则方块，使穿着者显得洒脱、富有男士气概。时装界有人别开生面地把衣服的某些部位绘上艺术大师的名画，收到了意想不到的效果，一度成为流行服饰。所以说，在漫长的人类文明历史长河中，不同的文化能互相受到启示并且有无数借鉴作用。

5.服饰的雕塑风味

雕塑是静止的，而服饰是动态的，随着人体的运动能产生出千变万化的艺术形态。服饰与雕塑同样也是相互渗透、相互影响，从而求得共同的繁荣与发展。人们看到的具有立体感的皱褶，都是雕塑时装风味的体现。为了追求服饰的雕塑效果，一些设计师还不遗余力地在面料设计上刻意求新，使用富于优美动感和立体效果的绉布，使人关注到那衣服里面充满生命活力的人体。雕塑风味在饰物上也有独到的体现，那些软雕塑首饰以其精湛的工艺、富有立体感的造型而独具艺术魅力，让人们的生活充满了无限的乐趣。

（二）服饰流行是科学的艺术

作为既是造型艺术又是边缘科学的服饰来说，它与科学技术有着千丝万缕、非同寻常的联系。从服饰的历史来看，它的变化发展总是与科学技术的进步紧紧联结在一起。流行从意识形态讲，指在生活文化领域内一段时间占有主导地位的审美情趣或社会思潮，它是一种有节奏的模仿和更新。服饰艺术的发展离不开科学技术的进步，先进的科学技术不仅为服饰提供了新的技术和物质资料，同时在思想观念方面也能给服饰设计者以新的启迪，促成新的艺术创造和新的艺术模式的产生。一种时尚流行的服饰之所以会引起涌潮般的追捧，就因为它的美体现在由于社会的需求、技术水平的提高，在造型设计上的突破。从古代的宽衣到现代眼花缭乱的服饰，处处体现着发展的设计思维，今天的服饰设计早已超越了基本功能的需求，科技的创新使纺织产品较从前有了质的飞跃，莱卡技术的应用使人们真正领略到服饰作为人体第二皮肤的意义，完好的伸缩性使人体的曲线得以最佳地演绎，新型合成材料的应用都是利用现代技术实现服饰功能美的典范。特别是进入网络信息时代以后，人类产生于现实生活的艺术冲动和自我表现欲成为服饰流行的巨大推动力，现代感就像普照的阳光，沁入一切民族的传统文化，并在民族文化中不断产生新的活力，从而使民族传统不断获得新的肯定和发展。现代科学的广泛应用，使构思过程缩短，并且有可能与生产过程一体化，将艺术灵感与技术意识有机地结合起来，将形式美与功能创新、技术创新结合起来，不断创造出新的艺术风格。不断创新是流行创作的导向，随着生活水平的不断提高，人们对于服饰的要求也不断提高。近年来，在世界性崇尚自然、绿色消费的浪潮下，人们都在积极开发有利于环保、人体健康的功能性技术，陆续推出了许多具有保健医疗功能的产品，有人预测：健康和环保将是未来服饰流行的一道亮丽的风景。

（三）服饰的流行和发展与人的审美能力的提高

同一曲绕梁清音，有人听出是美丽的和弦、熟练的奏法，有人感觉是深邃的主题、严肃的思想。同一件衣服，不同的人能品出不同的内涵，不同的人穿出的感觉截然不同。服饰可以传递信息，它是一种比语言更古老和更世界性地建立彼此沟通的形式。巴尔扎克在《夏娃的女儿》一书中表示：装扮是一种内心思想的持续表现、一种语言、一种象征。的确，对服饰穿着的不同审美观点，体现了人们不同的文化价值观。在 T 型舞台上，模特表现的是美的化身，是心智美、体态美、服饰美的最完善的统一，他们所穿的服饰，源于生活，高于生活。一幅印象派油画、一件模特儿服饰，对于缺乏油画知识和服饰知识的人来说，往往很困惑，因为它们不是从写意和实用角度就能够领略到其中的美感的。一般来说，人们表面看到的只是衣带的飘逸、婀娜的猫步，这种感觉是不全面的，领会不了荡漾在设计师心中的美的波澜。"眼睛是心灵的窗口"，欣赏服饰要靠眼睛，眼睛在接受外界刺激的同时，在心灵中获取与设计师一样的语言，这就是审美能力的问题。

随着时代的发展、观念的更新和人们求新求美欲望的增强，人们的服饰理念和欣赏情趣在改变，人们的审美能力也获得了不断的校正和提高，包括从一种观点转变到另一种观点，也包括在原有基础之上的提高和发展，即欣赏能力的提高与改变。从过去的拘谨保守、缺乏个性化的封闭僵化状态发展到现在更多的随意性、多样性、多元化，服饰也完成了由防护、遮盖到精神需要的转换，人们对于服饰也不再受外在的政治因素和僵化思想的影响。当代的人们不再谈"裸"色变，他们借助于现代思想使价值观向更大的时空延伸，形成更精确的逻辑理论，激发人们创造出更时尚、更新颖的流行服饰。超短裙、露腰装、比基尼式时装的出现和流行体现了人们更追求人的身体的自然形态的审美观点，这一趋势对于服饰的流行发展无疑是非常重要的。

（四）人类的文化推动流行的发展

有一句古话：宁可离开世界，也不能不合时尚。喜新厌旧是人类的一种共同心理，向往新事物这种愿望在日常生活中普遍存在，在服饰趣味的转变中尤为突出。时装就是推陈出新，这是自然界永恒的法则，树木每年脱去旧枯叶，人也要脱去使其厌倦的旧装，这种对旧的厌倦和淘汰，意味着人们的审美价值观发生了变化，带有一定的社会共性。人们在从事创造性的活动中，既丰富了想象力，使人类的文化不断向前发展，又不断提高着实践能力，从而推动流行的发展。

服饰流行变化的速度往往离不开社会的发展，特别与现代生活中经济和科学的飞速发展有密切的关系。尽管现实生活中有各种设计流派，服饰也有不同的流行趋势，但总的趋势无不小心翼翼地顺应着现代的文化价值观，或者说，毫不例外地以现实生活不断校正着自己的偏离，保持着流行的生命力和感染力。

服饰作为一种需求文化，应该是流行时尚的一个载体，是诸多文化创造的一个落脚点，要求人们不仅要懂得服饰的艺术和观赏性，还要具有一定的文化素养，即在实现时尚浪漫追求的多层面上，能从观念上认知服饰是艺术与意识形态的统一体，从而推动服饰流行的进一步发展。

二、服饰流行的规律

一种颜色的运用，一款服饰的流行，我们似乎总能在无形中感受到流行的存在。至于什么是流行，每个人都有自己的认识和理解，流行已成为生活中不可或缺的一部分。时尚的本质是多变的，但是服饰流行具有周期规律性，具体表现为服饰样式的循环往复性回归以及服饰流行生命周期的更迭，这使得流行预测变得可能。服饰设计师只有在多变的流行中把握流行脉络、发现流行的先潮，才能把流行推向高潮。

（一）服饰流行

流行是指相当数量、范围的人通过模仿在一时间广泛传播的某种社会现象。服饰流行是诸多流行中的一种，因其内容通俗实用、涉及人员广泛、直接美化人群的特点而令人瞩目，是最大众化的流行现象，所以服饰流行极易成为新闻传媒和平民百姓议论的话题。服饰中的流行是指在服饰领域里占据上风的主流服饰的流行现象，是被市场某个阶层或许多阶层的消费者广为接受的当前风格或式样。

服饰的流行包括造型、色彩、面料、工艺、穿着方式、化妆方式等。认识和把握服饰流行的目的在于准确把握流行的脉搏，从而设计出消费者需要的服饰。流行在其产生—推动—传播—衰亡的过程中，揭示了一个最具实际意义的内容：进行商业运作，创造商业利润。服饰流行的兴衰演变、潮起潮落展现给人们的是服饰市场的繁荣景象和多姿多彩，这正是流行创造的商业市场的前景与目标。涉及服饰流行的所有现象，其终极目的是实实在在地获取商业利润。流行受社会变革的推动而产生，同时在流行的过程中社会群体标新立异、追求个性的行为又推动了社会的发展。

（二）服饰流行的周期性规律

纵观服饰的发展和演变，总能发现服饰样式、服饰风格的反复出现，这种每隔一段时间就重复出现类似的流行现象表明了流行具有周期性。

以裙子长短流行变化为例，大体上是每20年一个周期：第一次世界大战后的20世纪20年代，经济复苏，裙长变短；1929年纽约股票大暴跌带来的经济危机，使20世纪30年代的裙摆落地；20世纪40年代的第二次世界大战期间，因战争引起的不安而产生的某种轻浮使短裙流行；战后经济萧条，由于人们对战争的厌恶、对和平的渴求，迪奥推出"新样式"，长及脚踝的长裙和突出女性身体曲线的服饰从20世纪40年代末一直流行到20世纪50年代前半期；20世纪60年代的第二次产业革命，经济飞速增长，再加上"年轻风暴"掀起的反体制思潮，使超短裙登场；20世纪70年代的石油危机带来"宽松式"的流行，男女同权、男女平等的呼声越来越高，裙子又变长了；20世纪80年代，随着经济发展、物质丰富，人们的生活富裕起来，享乐主义和大量消费的倾向达到顶峰，人们着装的裸露度也随之增大，超短裙、极短裙再度流行；20世纪90年代欧美经济持续不景气，意大利也处于这个漩涡之中，因此，嬉皮时装出现（见图6-1）。

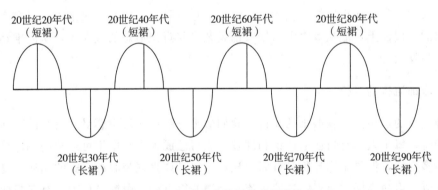

图6-1 20世纪女装裙长的周期变化

（三）把握服饰流行的周期性规律

设计是为市场服务的，设计师要从多层面的时尚中提炼出适合自己产品风格的流行元素，然后通过自己的智慧创造出被市场所接受的流行产品。这绝非易事，不仅需要设计师的专业基本功，更重要的是要有触类旁通的聪慧和悟性，要有准确感知流行的能力。这种能力既赖于先天赋予，更需要后天培养。学习了解服饰发展变化规律，掌握发展变化规律的周期，可以随时调整设计方向，并且抓住流行趋势。把握服饰流行的周期性规律必然要了解影响其的多种因素，使得设计师不局限在自己的领域范围之内，关注生活的方方面面，包括政治、经济、科技、文化、心理等；同时注意各方面资料的积累，在力所能及的情况下多关注时尚杂志、影视、文学等，见到的、听到的多了，许多东西会在脑海中积累沉淀，在需要的时候就会旁征博引并与当前流行相结合，经过分析整理，灵感就会喷薄而出，形成符合流行的新的设计。

（四）影响服饰流行趋势的因素

1. 生活状态对服饰流行的影响

生活状态，也就是生活条件，是以物质为基础的。在同样的物质基础下，人们可以选择不同的生活方式。人们的生活状态不同程度地影响着服饰的选用。经常开会赴宴需要多套礼服，出入豪华宾馆更需配备高级服饰。热心旅游者喜欢舒适简便的服饰，运动爱好者强调服饰的功能性。

正是有各式各样的人群，服饰流行才会在不同的阶层有不同的表现。例如，大学生的穿着与上班族的打扮截然不同，自然他们选择的流行样式也就有所差异了。因为他们的生活方式是完全不同的。学生所面对的一般都是性情相仿的、青春洋溢的同龄人，他们所做的事情是学习和玩乐，大多数经济条件有限，但社会对他们穿着的制约少，所以他们尽可以选择轻松的、新鲜的、青春的、新奇的服饰来穿着。他们大多数对面料的要求比上班族的要求低。牛仔裤、T恤、运动鞋是最常见的选择。而上班族面对的是相对成熟的同事，在上班期间，他们要求让自己看起来有干劲、得体，甚至有些公司规定员工一定要穿正装来上班（这种规定越来越少），所以大多数人会选择职业休闲装。衬衫、西裤、风衣、皮鞋自然成为他们的选择。

各个社会时期，人们的生活方式也是不一样的。服饰心理学的研究成果表明：服饰曾经是社会地位和等级的象征。翻开服饰史书，无论是中国的，还是外国的，书中绝大部分的篇幅都是用来写贵族和官员们是怎么穿戴的，至于平民百姓的服饰，大抵稍提及一下（题材为民间民俗服饰的除外）。也可能是因为平民的服饰与贵族和官员的服饰比较起来，实在是可说的不多，记载的也少。在衣着上做文章，是有时间、有钱阶级做的。有句俗语是这样说的：一代看吃，两代看穿，三代看文章。意思是如果一个家族开始富裕起来，第一代就会讲究吃得好，便是小康生活水平；他的下一代在富足的环境中长大，为了提高自己的社会地位，开始懂得打扮修饰的重要性，类似于品位、格调之类的讲究，堪称中产阶级了；再下一代，更注重内在修为的培养，反而可能会把物质的东西看得更轻。德国统计学家恩斯特·恩格尔发现，家庭收入与食品支出之比显示出生活富裕程度。随着家庭收入增多，用于食品的开支下降，用于服饰、住宅、交通、娱乐、旅游、保健、教育等项目的开支上升。生活状态不一样，相对而言对服饰的理解也不一样。

生活水平低质时期的服饰观念是：①服饰是护体之物；②服饰是遮羞之物；③服饰是生活习惯和风俗的需要；④服饰是社会规范的需要。

生活水平高质时期的服饰观念是：①服饰是生活快乐之物；②服饰是机能活动之物；③服饰是心理满足之物；④服饰是社会流行要求之物。

2. 文化思潮对服饰流行的影响

时尚变化的分析中有两种理论显然起过主导作用：一种理论认为时尚循着不变的有序模式从一个极端走向另一个极端；一种理论认为时尚可以归结为一种文化决定论，特定时尚是特定时期政治、经济、文化和艺术事件的反映。

有人认为追踪各个文化时期服饰的某种相似性，也可以找到那些时期相似的社会观念。比如当宗教价值占优势时，人们倾向于穿着设计简单的宽松服饰，就像17世纪初期的清教徒和早期的美洲殖民者的装束。而18世纪的服饰是法国贵族世故、奢侈和艺术性的一种创造，因而精工细作、富丽堂皇，反映一种懒散、轻浮和欢愉的生活风格。价值模式演示了服饰与文化意念之间的关系。爱国主义、节俭、等级、美丽、年轻等观念可以通过服饰来表现，"只要这些观念成为一个时期的主导"。

2000年美国《标准周刊》的高级编辑大卫·布鲁克斯写了一本《天堂里的波波士》。波波族，这个全新的族群，从一开始就得到了全世界真假精英群体最广泛的认同和几近毫无保留的拥戴。波波族迅速被当作对一个"新的社会精英的崛起"的最贴切敏锐的观察和描述，这本书也旋即被《哈佛商业评论》和《纽约时报书评》联合推荐为年度佳作。书中表示：在这个年代里，创意和知识如自然资源与金钱资本一样，对经济上的成功是同等重要的。当资讯的无形世界和金钱的有形世界已经产生了交集，在这个时代能够崛起的人就是那些可以把创意和情感转化成产品的人。这些高学历的人一脚踏在创意的波西米亚世界，另一脚却在野心的和追求成功的布尔乔亚领域当中。这些新资讯时代的精英就是布尔乔亚（bourgeois）的波西米亚人（bohemian），取两者的第一个字母，姑且就称他们为波波族。马克思曾经写道："布尔乔亚阶级把所有神圣的事物变得亵渎。"波波族则是把所有亵渎的事物变得神圣。他们把最典型的布尔乔亚阶级的活动——购物，变成最典型的波西米亚活动——艺术、哲学和社会行动。且不说布尔乔亚和波西米亚是如何由对立走到一起来的，重要的是这本书、这种思潮对服饰流行产生了影响。

在2002年，浏览时尚类报刊、电视、网站，波波风格成了服饰流行的主流。人们不屑于再讲小资风格。突然间，长长短短、肥肥瘦瘦的上衣、裙子、裤子、包包上荷叶边、蝴蝶结多得无法数，花朵蝴蝶满天飞。似乎每个人都是个快乐的波波族。突然间，时间的年轮转到了2003年，波波族过时了，虽然大家心理上还把自己当成是波波族的一员，但在服饰流行上，过时就是老土，谁也扭转不了乾坤。来不及细想，时尚一族们又投身下一轮的追逐中去了。

3. 政治因素对服饰流行的影响

2004年春夏伦敦时装发布会上，波兰裔的年轻设计师阿卡迪斯·威尔马克用美国政治图腾设计性感服饰，或者用各式美国国旗和美国图腾当装饰，让模特儿们全都处在美国和阿拉伯之间的冲突中。这些性感服饰充满了嘲讽。设计师显然用服饰写下他对全球政治版图消长的看法，他本人还故意戴起阿拉伯头罩。他说："你认为你可在纽约展示这些服饰吗？我不这样认为。"

4. 新科技、新发明对服饰流行的影响

近现代，太多的人认识到了科技和知识的奇妙，发明了不会皱的涤纶、腈纶之类新纤维材料，于是的确良卖得比棉布要贵得多。尼龙丝袜的出现更是让人们陷入疯狂的抢购。当然，这些东西作为最基本的加工材料和生活用品已不被人们看作是什么新鲜玩意儿了。新材料的发现总是能掀起一股流行的热潮。在未来的设计中，新材料和新发明对流行的影响力只会更大。

5. 商业操作对服饰流行的影响

一个牌子要出名可以到电视、广播、报刊上做硬广告，也可以让记者们多写点评论以增加其知名度。为了推出品牌的主打作品，可以为这些产品冠上各种好听的名字，并在大庭广众之下说出来或写出来，这就是软广告。

酒香还怕巷子深，商业操作很重要。当初化纤面料刚发明的时候，棉在市场上所占的份额很大，在70%以上；但是化纤出来以后的几年，它的份额越来越低，尤其是在美国市场。所以，美国的棉料生产商就组织成立了现在闻名的美国棉花协会。棉花协会推出了各种促销活动，它告诉消费者，只有天然纤维才是对身体最好的，也是最舒适的面料。在它的大力推广下，消费者也接受了这种说法。于是，天然纤维超越了化学纤维，继续当面料市场上的主要角色。社会发展的趋势就是这样，不懂得包装，就会在商业社会居于弱势。

6. 相关产业对服饰流行的影响

一件衣服从一个理念开始到被卖掉、穿在消费者身上，需要经过很多人主动和被动的努力。

有了纺织服饰业的发达，造成过剩的局面，才能让生产商在流行上动足脑筋。面料常常是激发设计师创作的灵感来源。新发明的染料也可能会让某种颜色流行一段时间。

娱乐业的兴盛，使一些设计师为了让明星们更显身价、与众不同而煞费苦心。同时，更重要的是一件衣服一经名人穿着亮相后，基本上都会被观众认为是流行的代表。他们在传播流行的过程中功不可没。对于奥斯卡颁奖晚会上明星们是怎样打扮的、他们穿的是什么牌子的衣服，时尚一族一向是抱着强烈的好奇心。

如果周围各行各业都不景气，消费者又怎么会有兴致或者说是购买力来买服饰这种消费品呢？在同一个地区，就算经济形势大好，各行业间也总有消长。如这几年的上海，房地产生意火爆得很，有钱的企业或个人都拿钱来投资房地产了，相应地用在穿上的消费比例就会有所下降。

7. 著名设计师对服饰流行的影响

17世纪，太阳王路易十四对艺术的钟爱让法国开始成为世界服饰中心。

19世纪末，沃思创造了高级女装，推动了服饰由繁到简的改革。

20世纪20年代，香奈尔塑造了一批俏丽活泼的女性形象。她让女性穿着简单利落的套装，并流行至今。

20世纪40年代末，迪奥推出新风貌，服饰进入造型的时代。

20世纪五六十年代，摇滚乐之王、"猫王"埃尔维斯·普莱斯利是当时很多人的偶像。不仅他的唱法、舞步被人疯狂学习，他的发型、服饰也成了青少年竞相模仿的对象。

20 世纪 80 年代的阿玛尼开创了服饰的新纪元，他为男性或女性设计的西服被认为是成功的标志。

当代的服饰设计师们：约翰·加里亚诺、汤姆·福特、卡尔·拉格费尔德，他们的每件作品都受到业界人士的关注，进而成为流行的先驱，引导流行前进的方向。

8. 名人明星对服饰流行的影响

现在，越来越多的电影明星穿着名设计师设计的时装亮相于各种场合：影片中、颁奖晚会上、时装发布秀场。这些场合各路明星争奇斗艳，同时也可以看出各设计师的受欢迎程度。比如备受瞩目的电影奥斯卡奖颁奖晚会，已不仅仅是荣誉的授予仪式，它本身就是一场高级女装展示会，与会明星斥巨资买下著名设计师的作品来秀给全世界的观众看。会后，各大电视台、杂志、报纸、网站纷纷报道评论明星们的穿着。不仅仅是奥斯卡，各种颁奖晚会都有人来给名人的服饰打分。也正因媒体对名人服饰穿着的关注，他们更慎重地选择自己的衣服与打扮方式，以维持自己的形象、提高自己的知名度。

9. 自然因素对服饰流行的影响

① 地域的不同和自然环境的优劣，使服饰流行带有明显的地域差异。服饰流行信息的获得和服饰流行趋势的响应程度，也因地理位置和人文景观的不同而各有差异。地处平原和大都市的人们，因为交通和资讯的发达，思想意识也较开放，能够及时地获取和把握服饰流行信息，并积极参与到其中。而在偏远的山区、岛屿或经济不发达的地方，由于闭塞，人们常常固守着自己的风俗习惯和服饰行为，从而保留了一些民族民间服饰，为世界保留了一份异彩。但是，世界在日新月异地变化，交通和通信系统不断扩大，互联网的普及、地球村的形成，正在不断加速着服饰流行的传播，地域差异也逐渐减小了。

② 服饰一定要适应气候，如果气候发生变化，服饰一定要改变。近几年，全球有所升温，即使是在四季分明的国内的亚热带区，人们也有衣服越穿越少的趋势。所以，近年来，秋冬装的流行趋势大致是走轻、薄、暖路线。在中国，到了冬天，北方气候寒冷，人们喜欢穿保暖内衣，最主要的原因除了厂家的大量促销、人们厌倦了冬日臃肿的形象之外，流行的影响也很大。

第二节　服饰的创新设计思维方式

一、服饰创意、创新设计的概念

简单地讲，服饰的创意、创新设计是指设计师在设计中突破现有的设计模式。它包括衣着观念的突破、服饰造型的突破、色彩应用和搭配方法的突破以及材料应用的突破。其实质是设计师对服饰款式的设计，通过大量的传播来传达特定的信息、思想和观念，以期为大众所接受。所以服饰创意、创新设计不仅是款式造型上的创新，更是思想观念上的求新、求变的过程。

二、服饰创意、创新设计必须与时代发展需求相吻合

服饰史清楚地告诉我们任何一次服饰创新都与那时的哲学、艺术和社会发展状况息息相关。我们不仅看到巴洛克、洛可可风格的服饰与那时的宫廷文化有关，我们也看到迪奥给战后的人们带来新的希望与理想，而 20 世纪 60 年代出现的迷你裙、比基尼泳装可以说是战后的各种新哲学思想、新艺术风格以及妇女解放运动、性解放运动等各种人文关系变化在衣着上的综合体现。近几年冒出来雅皮士、波西米亚、混搭等各种衣着风格都是当今社会个性化思潮的具体反映。

服饰反映历史、人文精神，服饰是时代思想特征、哲学流派和艺术风格的集中体现。所以服饰创意、创新首先要符合时代特征。满足人们生理需求和精神享受，这样的创意与创新才会有意义。

三、服饰创意、创新设计的思维方式

（一）逻辑思维

逻辑思维的特点是理性的思维方式，通过概念、判断、推理、演绎、归纳、分析、综合与类比等方法获取的认识方式。其初级阶段是形式逻辑思维，高级阶段是辩证逻辑思维。就服饰创作设计而言，收集情报、了解信息是至关重要的。这一工作需要大量的资料积累，如流行趋势的情报收集、市场销售报表的整理、市场地点环境与竞争对手的最新动态、哲学理念的更新、政治与艺术的发展、突发事件和实事新闻以及本企业资金预算、生产能力与设备的变化、库存情况、供货商和销售商的发展、员工的调离等。要对这些情报进行理性的分析、判断和推理，再进行由此及彼、由表及里的研究，最后确定合理设计计划与创新设计方向。这些工作都离不开逻辑思维。它的优点就是严密，也叫直线思维、硬思维。它就像一根垂直的链条，上下都环环相扣，没有松动的余地。所以逻辑思维就显得不够生动，它需要形象思维来弥补不足。但逻辑思维在创作设计中又是必不可少的，它是企业品牌策划和季度企划中不可或缺的，为设计制定了方向和目标。没有它，作品就会缺乏深度、缺乏思想内涵。

（二）形象思维

它是一种感性认识，建立在感觉、知觉和表象的基础上，通过意象、联想和想象，进行形象的思维活动。感觉、知觉和表象是形象思维的前提。它与逻辑思维一样，都是要求揭示对象的本质及其规律，所不同的是形象思维更注重物体的形象。服饰创作设计中的灵感来源、款式结构设计、色彩搭配常常使用形象思维方式。形象思维没有逻辑思维那么严密，它表现得更为活泼，常常是跳跃式地进行、突发奇想，能把两个或多个不相关的物体放在一起进行重新组合。这种思维方法又叫跳跃思维或软思维。它是艺术家在艺术创作时经常使用的思维方式。但仅仅依靠形象思维而忽视了逻辑思维，在服饰创意、创新设计中就会失去导向与目标，进而导致光有奇异多彩的外表没有深刻的内涵。

1. 意象——服饰创意、创新设计的重要元素

所谓意象是指意识中的形象，是客观形象在人脑中的再现，它所反映的是同类事物的

一般特征。一名优秀的服饰设计师在与客观世界的接触中，通过感官把大量的客观形象接收到头脑里，并对其中一些事物与特征经过初步分类和归纳、形成记忆形象储存于大脑中。而在服饰创意、创新设计的过程中，这种记忆的意象就会被选调出来作为素材，通过分析和比较，再由联想和想象进行整理加工，然后组成完整的综合意象，这就是设计师通过创意、创新思维在头脑中形成的基本"草图"。服饰作为人类生活中的必需品，它的许多种类、风格都已经打下标志性的烙印，成为设计师创作的意象素材。而把意象的诸元素协调组合起来，可以在意念中形成一种情景交融的环境，即意境。从意象的运用到意境的形成，这就为创意、创新设计提供了重要创作元素。

2. 联想——服饰创意、创新设计的基础

要有创意、创新必定离不开设计师创造性的联想。它是创意、创新的关键，是形成设计思维的基础。

联想是指由 A 事物联想到 B 事物的心理过程，即由当前事物回忆起有关的另一事物，或由此处的一件事物想到彼处的另一件事物。如我们看到华美的礼服就会想到明星走红地毯或高级隆重庆典场所，见到婚纱可以想到庄严和浪漫的婚礼。除了这些关联性很强的联想，客观事物之间本身都可以通过各种方式相互联系，这种联系正是联想的桥梁和纽带。通过联系可以找到两者或多者表面毫无关系，甚至相隔遥远的事物之间的关联性。联想还可分为虚实联想、接近联想、类似联想、对比联想、因果联想等。联想可以说是服饰设计师进行创意、创新设计的翅膀，有了它可以使无形的思想朝有形的款式发展，并创造出新的美丽形象。

（1）虚实联想

在服饰创意、创新设计前的主题思想的许多概念常常是虚的、看不见的，而有些虚的概念可以通过具体的形象表现出来。如人们把鸽子、橄榄枝用来象征和平，和平本身是个抽象的概念，没有具体形态，而鸽子和橄榄枝却是实的。这种虚实联想在我们中国传统文化中比比皆是，如蝙蝠象征有福、丹顶鹤代表长寿。这种虚的主题思想和看得见的形体相关联就构成了虚实联想。

（2）接近联想

在接近的时间或空间里发生过两件或多件的事情，形成接近联想。如我们看到闪电就会想到雷声，看到雁南飞就会想到秋风凉。当我们要在女装中表现现代女性的独立与精干就会从男装里寻找灵感，女装男性化就此产生。也就是说在创意、创新设计中，当我们想起甲的时候就很容易想起乙，这就是接近联想。

（3）类似联想

有些事物在外形或内容上有许多相似之处，由此而产生的联想叫作类似联想。如人们把青少年的健康成长比喻成八九点钟的太阳，初升的太阳与青少年的成长形成了类似联想。在服饰的创意、创新设计中也有用闪光涂层面料来表达现代都市生活，用土布、花布来表达回归自然的乡土风情。

（4）对比联想

对比联想就是有些事物在外形或内容上正好相反，人们看到某一事物会想起相反的另一事物，如白天与黑夜、战争与和平。在服饰创意、创新过程中常常使用相反的手法进行突破设计，如内衣外穿、女装男性化等。

（5）因果联想

指事物之间有因果关系，我们想起原因，就会联想到结果；而想到结果，也会联想到原因。如从森林的破坏就会联想到土地沙漠化。服饰创意、创新中的因果联想是非常重要的，什么样的场合使用什么样的服饰，如婚礼场合上的婚纱设计，职场上的职业装设计等。

3. 想象——服饰创意、创新设计的动力

想象的心理活动能在原有感性形象的基础上创造出新的款式造型。这些新的款式造型是已经积累的知觉材料经过加工改造所形成的，它比联想更为复杂。想象有时能够产生从未有过或实际上也不存在的事物形象，但它同样是建立在客观现实基础上的，是由实践发展而来的。设计师往往通过联想把与设计主题有关的形象联系起来，展开想象的翅膀进行重新组合，产生出全新的款式形象来。想象与联想可以相互沟通、相互转化而后产生新的形象。对创意、创新设计而言，想象必须围绕设计目的、要求，符合主题思想来进行。在构思中设计造型无论如何奇特奔放，都不能离开表达主题思想这个基本要求。尽管有时想象获得的创新作品可能不符合客观现实的逻辑性，但它却以虚构的幻觉形式揭示事物的本质、说明问题，以不合逻辑的形象表现出合乎逻辑的主题，从而成功地实现服饰的创意和创新。想象又可分为再造想象和创造想象两种。

（1）再造想象

再造想象是指根据已有的作品（文字的、艺术的、建筑的等现有的作品）形式、内容与素材等要素的启示，以及设计师自身长期积累的知识、经验，创造性地向其注入新的要素，创造出新款式的心理过程。而通过这种借鉴的设计方法创造出来的新款式已经完全脱离原来作品的意义，拥有全新的概念。如圣罗兰当年创造的蒙德里安系列就是直接将蒙德里安的绘画作品移植到服饰上去。

（2）创造想象

它是根据设计前拟定的目标、主题、任务，独立地创造出一种全新的视觉形象的心理过程。但这种全新视觉形象的产生并不是设计师凭空捏造出来的，而是设计师以长期积累的知觉材料为基础，进过精心的筛选、改造，加以重新组合，才能以不合逻辑的形象去表现出合乎逻辑的寓意——在客观现实和想象之间形成新的意念，并给人以新奇与强烈的视觉感受。所以创造想象同样是以客观现实生活为基础，它源于客观事物中不明显的或是可能存在的规律。

（三）两种思维方式的综合使用

逻辑思维和形象思维是相辅相成、相互交替与渗透的。服饰创意、创作设计的根本任务是"以意取形，以形达意"。设计师必须学会用逻辑思维方式建立深刻的主题思想，用形象思维进行丰富多彩与创意十足的款式造型设计。要把逻辑思维和形象思维这两种思维方式熟练地结合起来，使得形与意紧密结合、互为表里，依靠两种思维密切合作、进行互动互补，从而推动服饰创意、创新设计的思维活动，直至完成任务。

四、意与形的沟通——服饰创意、创新设计的发展略径

这里的意是指设计师在款式设计之前，通过逻辑思维方法进行的主题思想设计，它往往是比较虚的。而这里的形就是表达主题思想的具体款式。设计师在创作设计中用逻辑思维和形象思维两种方式，通过联想、想象，把抽象的主题概念转化为可视的、可穿的服饰，使其成为受众能够接受并喜爱的款式。在这个过程中，设计师要在意与意、意与形、形与形之间反复沟通、多重交叉，才能完成新的创造。

（一）意与意的沟通

服饰设计是围绕主题思想展开的，主题思想反映设计师对现实社会的认识、理解，也包含设计师的理想和观念。主题思想的表现往往是通过服饰设计的"意境图"来表现的，"意境图"能否很好地表达主题理念、色彩、款式风格，甚至面料特性，对最后的款式创造都具有非常重要的作用，所以意与意的反复沟通是十分重要的。

（二）意与形的沟通

设计师完成意与意的沟通后，就明确了设计创造所要表达的内容，明确了设计方向。这样设计师就能开始进行服饰效果图绘制（包括面料小样的收集、基本造型与色彩的确立、饰品配件的设计等），以具体的、直观的形象去表达主题思想。设计师通过与"意境图"反复比较来修正自己的款式设计，这也就是创意、创新设计中从主题理念到直观的款式造型的过渡阶段。

（三）形与形的沟通

设计师通过意与形的沟通，就能确立表达主题思想的方法。这些方法还需通过试验、修改、组合来确立款式造型，再通过制版、裁剪、缝制得到样衣，进过各种审核，最后进行批量生产。这个过程就是形与形的沟通。一名优秀的服饰设计师不仅要有高超的技艺，还必须对社会发展，对新事物、新文化、新思想、新艺术流派有敏锐的洞察力，要知道社会的发展、人们关心的话题会导致服饰需要上的哪些变化。通过大量的调研、收集情报，用逻辑思维的方法进行分析、推导出严密的、可行的设计思想，再按意到意、意到形、形到形的发展步骤，用形象思维和逻辑思维相结合的方法得到完美的创意、创新设计作品。

第三节　服饰的创新研究

一、现代服饰设计中的继承和创新

继承与创新是世界各国文化发展的必经之路，我国现代服饰设计面临的发展问题同样如此。要想更好地推进我国现代服饰设计走向国际化，就必须对其传统性和民族性进行探讨，不断吸取传统服饰设计的精华，结合当前时代的全新元素，深入创新我国服饰设计，进而使我国的服饰设计始终能在时代潮流中占有一席之地。

（一）现代服饰设计发展中存在的主要问题

随着时代潮流的不断冲击，我国服饰设计得到了巨大的发展。然而，由于现代服饰设

计的发展正处于起步阶段，我国现代服饰设计发展仍存在着一定的不足。首先，在我国的服饰设计领域有一部分的设计师没有真正地理解服饰设计的传统性和民族性，缺乏对传统服饰设计的继承，这对于发展中国特色的现代服饰设计是极其不利的。其次，服饰作为文化的另一种表现形式，无时无刻不体现着一个国家的文化底蕴，不同地理位置和不同风俗习惯的国家和民族又具有不同风格的服饰，因此，造就了服饰风格的多样化以及服饰设计的多元化。然而，我国现代服饰设计发展缺少一定的民族性色彩，这直接降低了我国现代服饰的辨识度，对于设计具有中国民族特色的现代服饰造成了一定的消极影响。最后，我国现代服饰设计中缺乏传统元素和现代元素二者的结合，难以提升现代服饰的时代性，更缺乏对传统服饰设计文化底蕴的展现。

（二）中国和西方传统服饰上的本质差异

要想更好地发展中国现代服饰就必须对中国与西方传统服饰上的本质差异进行讨论，明确我国传统服饰的特色与发展中的不足，进而学习掌握传统服饰设计的精髓，结合西方服饰设计的优势与现代服饰特色，总结我国现代服饰的设计要领，不断推动现代服饰的创新设计发展。我国与西方对空间事物的观察方式存在本质上的差异。西方对于空间事物的观察始于空间的某一点，再以某一固定角度进行观察，这样的观察方式可以从侧面对事物进行深度剖析，然后再进行空间扩展，直至掌握空间事物的全貌。这种西方对空间事物的扩充意识，可以说是一种自我扩展的心理意识的具体体现、西方渴望占据更广阔的空间的具体体现。中国对空间事物的观察方式是十分灵活的，观察出发点受观察者主观意识的影响较大，中国服饰设计更是追求虚与实、明与暗的变化，因此，在服饰设计中体现出对空间几何结构的追求。而不同空间形态的几何结构总会体现出明明暗暗的不同，这些明暗之间的巧妙连接则体现出了节奏的变化之感，进而展现出流畅连贯的空间形象，然后进行空间扩充。这种空间扩充方式往往可以减弱服饰的突兀视觉，展示出趋向于整体近似平面几何的形态。因此，相比于西方服饰，中国服饰具有更大的心理视域空间。

（三）如何设计出具有民族特色的服饰

在我国的风俗习惯中，人们将红色、黄色视为吉祥、喜庆的文化色彩，意味着喜庆和祥和。而不同民族的风俗习惯存在着一定的差异，这就导致不同民族的服饰设计上会存在较大的不同。在设计民族特色服饰中，设计师应该充分考察不同区域的民族风俗特色，再将民族性元素加入服饰设计中，进而将民族特色与服饰设计紧密结合，促使二者共同发展。比如同心结在我国传统文化中象征着团结、相互扶持，具有十分浓厚的民族情怀，在我国少数民族的服饰设计中被广泛使用。除此之外，为了更好地继承中国传统文化，并将中国元素加入现代服饰设计中，进而不断进行服饰设计创新，可以在现代服饰设计中加入一定的中国风元素，结合现代化服饰设计的技巧，进而凸显中国特色。比如在服饰设计中加入竹叶、梅花等具有浓厚的中国风情的元素，象征着正直、高洁等美好特征，而中华民族经历了历史极其悠久的文化沉淀，一直给人以团结、勇敢的形象，这对于凸显中国民族特色同样具有重要意义。

二、创新元素的运用

传统能体现丰富的文化底蕴，时尚能变得耳目一新。旧变新的关键在于观念的更新，敢于突破。对于传统服饰我们不能完全克隆，要取其精髓再加上创新元素。

（一）十字绣

十字绣最早诞生在欧洲宫廷，是用纯棉的绣线把图案刺在布上，因为绣的布是一格一格的，故名十字绣。十字绣套件包括线、针、布、图纸。其绣法简单，外观高贵华丽、精致典雅、别具风格；相比传统刺绣工艺，纯棉质地的十字布柔而不软，不用借助绣花绷子便能刺绣；纯棉绣花线易清洗、不易变形；绣出的工艺画不会反光，从任何角度看都富有立体感；十字布上的经纬线在绣品完成后，可以一一抽掉，更方便把图案绣到服饰、毛巾上。

（二）手绘

手绘是服饰中一种新兴的品种和装饰形式，即用手绘作为服饰的装饰，主要用在洁白或素雅的绸料和纯棉布料上面，运用各种绘画手法，用纺织品染料画上秀丽的花卉、鸟蝶或现代抽象等图案，显得非常清新、自然。一件独具特色的手绘服饰体现了穿着者的品位和性格，也代表了一种真实的生活态度，切合现代人彰显个性的愿望。

（三）剪纸艺术（镂刻）

剪纸艺术以皮革代替纸张在上面作剪纸图样或直接在服饰上镂刻。作为服饰的图案，为了增强图案的可替换性，如果需要的话可以在皮革图案的某些点处镶嵌活动铆钉，这样使用者可以根据喜好自行更换皮革图案。图案可根据使用者喜好贴于服饰胸前、背后、肩部、体侧等不同部位。

三、设计元素整合

（一）造型与结构的创新整合

大胆运用西式服饰的版型来改良中国传统服饰的造型，使整体款式在服饰造型上强调三维空间效果。在结构处理上，以立体裁剪为本，注重试缝、修订和补正等工艺加工手段，以求最大程度上的合体。服饰既不失东方的温柔与典雅之美，又凝聚着现代的时尚热烈与开放之韵。2001年，在上海APEC会议上，各国领导人身穿中国特色十足、有着团花或是福禄寿等文字图案、色彩斑斓的古老的中式服饰——唐装。这种唐装模式既秉承了中国传统服饰富有文化韵味的款式和面料，也吸取了一些西式服饰立体剪裁的特色。唐装这一古老的中国传统服饰款式重新成为人们关注的焦点。尤其逢年过节，身着唐装的人比比皆是，形成了一种独特的"唐装风景"。

（二）装饰元素的创新整合

运用刺绣和现代设计理念进行整合，把握好服饰的整体风格与所用材质以及工艺技法的完美结合，这样才能达到理想的设计效果。如在演绎经典花朵图案的时候，可以加大花朵的比例，采用具有中国特色的大红色来作为衬底，突出花朵，具有一种戏剧的张力效果。另外，服饰某些部位重叠的自由变化在服饰上的运用也很重要。例如，迪奥在黑色天鹅绒的面料上绣上了抢眼的民族图腾图案，而花朵、圆点、金属镶边等图案和各种颜色的交错融合，再搭配西式的长毛绒红色围巾，会展现出一派热烈的民族风情。在进行礼服设计时，可以在胸、肩、领、袖、腰等处进行局部绣饰，可以采用华丽感很强的珠绣、亮片绣、丝带绣、羽毛绣等。如果在一块黑色的麻质面料上用不同颜色的亮片饰以造型别致的花卉图案，再把其款式设计成中式对襟加盘扣的造型，传统元素的服饰造型与现代感很强的亮片用刺绣的手法相结合，传统款式被赋予新的含义，既保持了民族特色，又不失现代时尚感，给人耳目一新的感觉。

四、服饰创新设计的重要性

（一）服饰个性化的需求

20 世纪 90 年代，服饰呈现出时新多变的流行格局。在现代社会寻求工业设计的同时，人性化的觉醒与开放的意识，促成穿着与设计的个性化倾向。对自然的钟情依恋，对远古旧时的追寻溯源，对现实的反叛夸张，对未来的憧憬期待，一同归结为世纪末所特有的服饰趋势。在现代与传统、机器与手工的交融中，新观念及新设计不断涌现，充分满足了人们对个性化的需求。

当代社会由于科技的快速发展，经济运行的效率大大提高，交通快速便利，信息的获得丰富而快捷，人们的生活节奏不断加快。同时，人们的思想观念、价值取向、消费理念和模式也发生着快速、深刻而广泛的变化。受教育人数的增加和教育水准的不断提高，使越来越多的人崇尚创新，追求速度，讲究个性，注重文化品位。个性时尚成为当代社会文化的重要组成部分，是人们社会生活的重要内容和重要标志，而通过设计的服饰毫无疑问是最具有时尚意味的。服饰是时尚的同义词，是时代的代言人。换言之，服饰设计实质是在设计一种时尚，创造一种生活方式。服饰因创意而流行，因流行而时尚。流行能实现我们的幻想，丰富我们的生活，满足我们的心理需求，并且为我们的人生增添各种色彩，流行的动力就在我们身上。

（二）服饰行业的需求

服饰业是一个充满矛盾的行业，创新与传统、束缚与机遇共存。以国际水平论，我国的服饰行业目前仍然是相对落后的，处在国际行业分工的末端，是典型的劳动密集型产业。处于端首的经济发达国家掌握着服饰行业的主导方向，以技术、信息、标准来赚取高额利润的回报，而我们是以几十万的劳动力来换取低利润的回报。可以说，经济发达国家的服饰行业已经进入以"头脑"赚钱的后工业时代，而我们仍处在以"双手"赚钱的工业时代。在这样的国际劳动分工之下，结合服饰行业的实际需求，服饰创新设计就显得更加重要，服饰创新设计不仅仅是技术劳动型的加工制作，而需要综合创新型的设计。

五、服饰创新设计对社会的影响与作用

服饰与艺术及生活结合得如此紧密，以至于任何艺术上的革新或社会动荡都会给服饰带来新的表现形式。从巴洛克、洛可可艺术到新古典主义和浪漫主义，从新工艺美术运动到立体主义，从达达主义到欧普艺术，每一次艺术运动都会在服饰表现上留下烙印。作为一名从事服饰设计的学习者或设计师，对服饰的理解不能仅限于个人，而应将眼光投向社会，了解社会与服饰的关系，了解服饰与消费市场的需求。不同时代的设计变革，其形式之下都有着深刻的社会背景，它显示着世界范围内的服饰设计思想、观念和方法、新的变

革和重构。而以信息技术、生物技术、新材料、航天科技等为主要内容的科学技术革命，已经而且将继续在未来对人类社会产生极其广泛而深远的影响。

服饰设计建立在一定的社会文化、经济基础之上，并最终受到社会文化、经济发展的制约。一个时代经济的发展和社会的变迁必然带来服饰设计的发展和变化，服饰设计的发展又必然对社会文化、经济的发展产生影响。

（一）创新设计与社会

1. 服饰创新设计与社会的关系

从美国的服饰走向世界的过程可以看出，服饰的创新设计是与社会的发展密切联系在一起的。20世纪60年代的美国，民权意识与越战阴影、经济发达与颓废心态等各种因素的交织，形成了美国当时特定的社会背景。人们为了寻求心理上的平衡和情感的释放，往往通过不同的艺术与设计形式来补偿满足自身的需求。在服饰的穿着设计中，欧普艺术和嬉皮士风潮都有过一定的影响作用。英国设计师玛丽·奎恩特最早感受到这种美式风格的文化意识与美国的奔放激情，从而触发灵感设计了颇具风采的系列服饰。在此之后的1965年，她在整个欧洲摇滚乐盛况空前之时，在伦敦推出轰动世界的迷你式超短裙，皮尔卡丹和古莱特将其引入上流社会。虽然高级时装的卫道士对它嗤之以鼻，但超短裙的风靡依然势不可挡。20世纪80年代，人们将超短裙与西服搭配，20世纪90年代这成为一种经典。这既迎合当时社会的风尚，又表露对传统的厌倦和对现实的坦言，博得欧洲乃至整个世界的响应，成为服饰流行的标志之一。

实用经济的价值观念使美国迅速地走向了富强之路，在经历了18世纪脱离英国的独立战争、19世纪的南北战争和20世纪的世界大战后，美国成为经济强国。两次世界大战期间，因劳力的缺乏，女性开始走出家门参与到社会的各项工作中来，于是那些简易方便的男式工装以及套装很快成为普及的女装形式。过去传统的单裁定做模式，也已被工厂批量加工的成衣生产形式所取代。成衣的出现成为现代服饰发展的标志。

后来，套装、裙子、裙裤和衬衫的款式成为女式成衣的主流。而衬衫和裙子的二体样式，则在以后合为长盛不衰的连衣裙装束。第二次世界大战的硝烟使美国成了汇集来自全球各地才华横溢的科学家和艺术家的现代科技及艺术的坚实营垒。特别是纽约发达的商业、工业和金融业，奠定了繁荣发达的基础。战时巴黎的萧条给以往惯于追随巴黎衣着趋势的纽约设计师自行推创新颖的服饰带来机会。待到战后，一些美国设计师开始纷纷登上世界时装的舞台，如吉尔伯特·艾德莲、克莱瑞·迈卡多和波莲·特里格丽等极具才华的纽约设计师，推出了新颖创意的服饰形式，形成了颇具影响力的美国服饰设计。好莱坞电影的兴旺，也为新兴的美国时装业添注了活力。这些都曾对当时的时装流行和设计倾向产生影响。随着美国社会的飞速发展，以及新贵明星的崛起走红和国际地位的日渐提高，最终使美国的第七大街树立起世界水平的时装形象。可见服饰的创新发展与社会大环境是息息相关的。

2. 社会因素对东方服饰设计创新的影响

在西方服饰不断演化推进之时，东方服饰一直固守在古代文明的旧圈子里。古代东方服饰长期受到封建帝制和佛教哲学的影响，其造型文化艺术表露更多的是压抑、持重和隐晦的特征，缺乏激情的涌释。东方的穿着也深受其文化的浸染，往往规限于固定的形式，造成守旧而无变化的情形，并且缺少西方服饰的精华成分。

中国传统的理念缔造了底蕴深厚的服饰文化，形成了与西方截然不同的美学与哲学观念。西方是以自我为中心，竭尽全力地开掘人的力量，释放人的潜能，拼命竞争，在服饰上大力表现个性，夸张了人体之美。而中国服饰美学观念在服饰的表现上是意象的，既不裸露张扬，也不尽力束缚，在遮体的隐约之中含蓄地显现了流畅婉约、温情流动的人体曲线美，让视点随着自己的心愿移动，使生命之体在服饰的贴体与离体之间流露出和谐的气韵。阿玛尼品牌设计出旗袍领的衬衫，古驰品牌在北京和纽约的广告中都以充满中国韵味的裙子作为季度的主打产品。

（二）创新设计与市场

1. 服饰设计与市场

著名设计理论家王受之先生说过："设计是应用性极强的一门学科，它的目标是市场。"它所遵循的是"人—市场—设计—人"的一个互动过程，市场服务理念是现代设计师设计成败的决定因素，也是现代设计师需要树立的一种职业主体理念。其主要体现在以下几个方面：

（1）市场定位理念

市场定位是一种明确设计对象的理性分析。设计师做设计时应对设计对象与消费市场作详细的了解并进行定位。比如对商品的风格、技术特点进行定位，对消费人群、目标市场进行定位，对商品品牌形象的建立进行定位等。有了针对市场的准确定位才能设计出触动消费者心灵和思想的设计作品。

现代服饰设计中，掌握流行信息是至关重要的。服饰的信息主要是指有关的国际和国内最新的流行倾向与趋势，但对于信息的掌握不只限于专业的和单方面的，而是多角度、多方位，与服饰有关的内容都包含其中。要想了解这些内容，市场调研是服饰设计的重要环节。市场调研包括对消费者的调研、对产品现状的调查、对产品销售的调研、对同类产品的调研和对市场环境的调研。

（2）市场服务理念

设计不是对个人主观感受和情感的表现，而是针对特定对象提供的一种服务。设计的服务特点不仅体现在有偿性方面，更体现在通过服务对人的生活习惯和生活方式的改变，以及其所创造的社会文明方面。

2. 面料创新设计与服饰的市场推广

世界时装设计大师的作品之所以能够处处别具一格、时时引领时尚，其在面料上的设计创新是非常重要的因素。在服饰设计中，面料的创新设计应该是第一位的，继而才是款式的设计，这种做法有助于设计师进一步注重面料的设计与开发，提高其对面料的敏感度，更好地把握未来产品的设计方向，从而使其产品具有个性化和市场竞争力。在全球一体化的今天，品牌的竞争日趋激烈，品牌的个性化特征已使创意性面料开发成为一种必然趋势。以面料的创新设计带动服饰的创新设计是非常有效的手段。创意纱线、创意面料可以有很多设计者自己的想法，可以针对纱线做很多尝试，如绣、绘、补、拼、嵌等，还可以利用绞花、空花、盘花、抽纱等方式突出立体的装饰效果。面料的肌理改造也有很多方法，如褶皱、抽缩、凹凸、堆积、挑丝、加股、酶洗等。在服饰的加工过程中，可以运用有特色的艺术处理，如不对称的针脚、翻转的拼缝、立体起梗的线条，并将针织品中出现的错差、飘悬的线迹等作为设计创新的有效手段。

但是，面料要通过工业加工才能广泛地推向市场，纱线和面料的创新自然会受到工业生产的局限。手工工艺会有不同的创新效果，但如果能结合工业纺织与后整理等手段进行研究会更理想。

面料设计师与服饰设计师应有更好的结合。设计是针对市场需求而进行的设计，对市场而言，尽可能地满足消费者对使用功能的需求是设计进入市场的关键因素。

是张扬自己的个性，还是控制自己的个人风格、融入更多的市场理念？设计师应根据国内设计行业现状，使自己具有一定的对市场的感知能力、感悟能力、控制能力和技巧的运用能力，也就是"递减"的能力。同时，一个设计师不仅应该知道怎样把握市场的需求，还应不断锻炼收放自己的能力，时刻提醒自己不要一味地迎合市场，而忽略了自己作为一名合格设计师应具备的综合能力。"递增"才是一个设计师的常规发展路线。设计师要不断激发自己的感悟力和创造力、活跃思维，并通过调整和积淀，使自己在商业化的今天始终保持一定的创造力。

（三）创新设计与传统文化

传统文化是一种客观存在，是历史前进中的积淀，它为人类历史前进积蓄着力量，提供着营养。所以，它对人类创造的现代和未来的文明，都必然产生不可否认的巨大影响。服饰千变万化，每一次的创新其实都并非真正的"新"，它们是不断的往复，是对过去有趣的那一部分的重新发现和再创造。"旧"对于新时代的都市人是另一层意义上的"新"。

法国国际服饰学院院长鲁道夫针对我国时尚业的情况曾经说过："中国有许多独一无二的东西，这是中国人自己的财富，要取得国际市场的成功，最主要的还是走自己的发展之路。"中国服饰历史文化源远流长，底蕴深厚。中国的戏剧服饰、民族服饰、宫廷服饰、旗袍都是文化瑰宝。中国传统男装的儒雅、写意，女装的柔美、华丽，都是世界文化的精品。走自己的发展之路就好似现在服饰企业常说的"卖服饰就是卖文化"，需要设计师以独到的设计眼光结合中国特有的服饰文化体系来发掘现代服饰文化元素，引领现代服饰设计潮流。

1. 传统文化对服饰设计的影响

1980年左右，现代艺术开始引入我国，通过40多年的发展，在中国不断成长起来。但是从中国目前的现代艺术设计发展状况来看，市场的发展和商业形式的急功近利，导致相当一部分平庸之作产生，其对于国外某种流行"艺术语言"进行大量复制和抄袭。这种"重复"对于现代艺术设计的发展来说是毫无意义的。为了获得短期的艺术效应，一部分人打着与国际接轨的旗号而沉湎于对形式与技法等视觉刺激的追求，走别人走过的路而乐此不疲，"照猫画虎"生硬地设计出一批"国际主义"的刻板面孔，在设计过程中牺牲了民族性、地方性和个性。现在是工业化向信息化转型的一个过渡阶段，从长远看，现代艺术设计必须有个性才能在激烈的市场竞争中占有一席之地。设计师的创造力是现代艺术设计内在的发展动力，而设计师的创造源泉更多地取决于自身在文化背景下接受与转换艺术资源的能力。全球一体化的到来，为我们提供了全球资源共享的信息平台，只有把中国的优秀传统文化与国外共享资源相结合，从国家地区的实际出发，把民族审美情趣同现代设计的某些因素结合起来，形成独特的设计体系，才是设计的发展趋向。

2. 服饰设计师对传统文化的继承

日本知名服饰设计师高田贤三的 2003 年春夏系列作品，保持了其一贯的民族风格、民俗装饰，色彩清新，许多刺绣和褶皱都精巧非凡。高田贤三擅长将不同的花朵图案重叠搭配在同一个造型中，看似简单却有着极高的技巧。东方风情也是高田贤三所致力追求的，如印度服的窄脚裤、中国棉袄、象牙色的绣花、带亮片刺绣装饰的图案等。高田贤三以愉悦而丰富的想象力和创造力开创了世界性的品牌。无论从东方的角度还是西方的观点看，我们都可以感受到他对于世界融合的渴望，而这一切源于他对传统和民族风格的研究、对民俗传统与演变的追求。英国先锋时装设计师维维恩·韦斯特伍德被称作是一位"惊世骇俗的时装艺术家"。迄今为止，她在所经历的 35 年的时装生涯中，跨越了数个重要的艺术时期。在这样一个瞬息万变、潮流激荡的时装界，极少有人能像她那样，以惊人的创造力，不断推陈出新，始终雄踞时尚的风口浪尖。她不仅是英国先锋艺术的代表，而且是直接影响到戈尔齐埃、加里阿诺、麦克奎恩、卡拉扬等的世界级前卫设计师。

到底是什么原因让她具有如此非凡的创造力？或许有的人认为，韦斯特伍德就是一个极端叛逆的人。但实际上，事情远非如此简单，极具破坏性的叛逆是不可能引领潮流 35 年的。穿透热闹的表面景象，深入韦斯特伍德的作品中，我们可以发现在极端叛逆的表象背后，浓郁的复古主义精神充斥其中，其扎实的传统文化根基不容小觑。的确，如果没有传统，也就无所谓背叛；如果不了解传统，也就无从创新。韦斯特伍德认为时装可以通过再创造而变得更加丰富多彩，这正是她一切创作中的一个最为根本的出发点。她后来的全部创作，无不源于西方的传统文化和艺术。"当你观察过去的时候，你就会明白好的标准是什么，用什么方式可以创造出很高的品位……把这些元素放在一起，用你今天的方式重新组合，就是创造。""通过努力模仿前人的技术，就可以形成你自己的技术。""我之所以能够创造出从未有过的造型，就是因为我把各种元素综合在了一起。"可见，韦斯特伍德的创作方法是以传统为根基的、破中有立的创作方法。

随着"朋克"走向世界，韦斯特伍德的知名度亦愈来愈高。1983 年春，韦斯特伍德第一次到巴黎举办时装表演。她推出的系列叫女巫，是一组暴露下腹部的现代服饰，有不按规律拼缀的色布、粗糙的缝线、邋遢的碎布块和各色补丁，是一种前所未有的"时装"。她的挑战虽然不可能获得全社会的共鸣，但是使她赢得了世界的侧目。

天才设计师加里亚诺钻研大量有关服饰的历史图书，并在其中找到灵感。1989 年，英国媒体报道说，当其他设计师在街头寻找灵感时，加里亚诺却在史料中进行研究。他以超凡的敏锐性对古代素材和当今技术与材料进行融合，创造出不俗的效果。

经济的发展、社会的进步决定了人们的物质消费和精神消费都在发生深刻的变化。求新、求异、求美，是当今人们追求的时尚，简单的替代、模仿、重复已远远不能满足人们的需求。服饰设计同样应该继承、发扬和谐文化精华，充分发挥传统文化的价值。具有时代感的服饰设计无疑要有本民族的特色，当然需要在继承传统基础上才能创造出来。我们必须理解中国艺术精神对服饰设计的影响，考虑民族文化、民族特色，才能创作出具有丰富思想与艺术内涵的服饰精品，使服饰艺术真正成为时代精神的载体。

（四）服饰设计的发展趋势与创新

1. 服饰设计的本土化与全球化

中国经济面临新的发展机遇，同时也迎来了新的挑战。作为经济发展密不可分的现代艺术设计产业，也同样面临着挑战。中国设计如何尽快实现国际化，如何在全球化的竞争中站稳脚跟并长足发展，已经成为亟待解决的战略课题。比起中国入世后的经济运行，现代艺术设计观念的转换和国际化则应该更为超前。及时掌握最新的科技资讯，以最新的理念和前卫的姿态来统筹我们的创意，才能带动和推进中国经济向更新的目标发展。所以开拓我们的国际化视野，紧跟全球化的时代步伐，是我们实现这一目标的基本条件。我们的现代艺术设计在追随国际潮流的同时，如何把民族的、本土的文化精神融入其中，如何以独特的民族面貌跻身于世界，则是我们的设计理念必须牢牢把握的又一个重心。"只有民族的，才是世界的。"目前，中国元素的应用在国际上越来越频繁，如马克·奎恩以中国年画为源头进行的设计等。

2. 绿色设计

绿色环保是当今世界艺术设计的一大主题，这是关于自然、社会与人的关系问题的思考在产品设计、生产、流通领域的表现。绿色设计的目的，就是要克服传统的产品设计的不足，使所设计出的形象既能满足传统产品的要求，又能满足环境保护与可持续发展的要求。绿色设计不仅是一种技术层面上的考虑，更重要是一种观念上的变革，它要求设计师改变以往仅仅注重形象设计的标新立异，而忽略设计的新形象给人们带来的消费观念的误导，以及制作新形象所消耗的又一批能源及可能对环境造成的污染。因此，以保护环境为目标的绿色行动，在欧美和日本等发达国家和地区已实行多年，并成为信息时代设计的重要标准。

3. 个性化时代

经济的繁荣带来物质的丰富，同类产品不断增多，市场成为买方市场。科技的不断进步带来技术的普及性与公开性，随之而来的就是产品的同质化日趋明显。那么产品的功能、品质、价格完全相同的情况下靠什么来展开竞争呢？产品的审美设计就成为唯一的重要差别。随着后工业经济发展到信息经济，再发展到体验经济，人们对精神上的消费需求越来越多。在同质化的大环境下，购买产品时消费者更多注意产品的个性。如今，人们不再盲目地跟随没有个性的流行，所以，个性化的设计是经济发展的必然要求，是新世纪发展的又一个趋势。

六、服饰设计的思路创新

（一）服饰创新设计的界定

创新，即创造新的东西，包括造型、色彩、材料等元素的思想、手段、方式的创新。

"创新是艺术设计永恒的生命。"创新是指人们为了发展的需要，运用已知的信息，不断突破常规，发现或产生某种新颖、独特的有社会价值或个人价值的新事物、新思想的活动。创新的本质是突破，即突破旧的思维定式、旧的常规戒律。它追求的是"新异""独特""最佳""强势"，并必须有益于人类的幸福、社会的进步。

创新活动的核心是"新"，它或者是产品的结构、性能和外部特征的变革，或者是造型设计、内容的表现形式和手段的创造，或者是内容的丰富和完善。创新在实践活动上表现为开拓性，即创新实践不是重复过去的实践活动，它不断发现和拓宽人类新的活动领域。创新实践最突出的特点是打破旧的传统、旧的习惯、旧的观念和旧的做法。创新在行为和方式上必然和常规不同，它易于遭到习惯势力和旧观念的极力阻挠。对于创新主体来讲，应具有思想解放、头脑灵活、敢于批评、勇于挑战的开拓精神。因为创新和开拓紧紧相连，所以服饰设计更需要创新。

（二）服饰设计的创新动机分析

1. 社会背景因素

新世纪的时尚流行显然已呈现出多元化的趋势，特别是由于高度发达的经济、科技、工业社会形成了日趋完善成熟的市场，人们更加倾向于标新立异，使简约、性感、浪漫的小资情调和随意、游戏、怪异的趣味表现弥漫开来。而新一轮的经济萧条、失业、战争威胁也会对整个世界的衣着需求及其风格表达产生影响。但无论如何，全社会追求理想、优雅、独特、轻松的时代风尚，将使新世纪服饰发展的前景充满希望。

2. 市场与行业因素

目前，中国服饰产业日趋成熟，国际竞争力也由劳动力成本优势向产品质量创新优势、产品开发创新优势、品牌创新优势、文化创新优势的高层次优势转变。产业的微妙变化都将对我国服饰产业的未来走向产生深远影响。近年来，随着内需不断扩大，内需切切实实成了我国服饰行业发展的原动力。国内企业成熟壮大、国际名牌蜂拥而入，更多海外品牌对中国市场跃跃欲试，国内中小企业在夹缝中找寻生存之道。中国服饰市场新一轮"洗牌"时代已经到来，而"洗牌"的孪生姐妹——"市场细分"也将随行而至。中国服饰市场必然好戏连台，机遇和挑战并存。

3. 消费者分析

消费对象、市场需求牵引着服饰设计创新的步伐。服饰行业是最具竞争性和挑战性的行业之一，无论是大众服饰名牌还是高品位的服饰名牌，符合消费者的品位、使产品不断地有新的面貌出来才能顺应瞬息万变的服饰市场，其关键在于设计师对产品的整体把握。立足于民族的优秀服饰文化基础之上，服装设计师要把握国际服饰发展的脉搏，具有活跃的设计思维和超前的创新意识。由此可见，设计师起到至关重要的作用。服饰消费者的特征包括性别、职业、经济状况、文化程度、服装穿着时间和场合、生活状态、风俗习惯等。这些因素直接影响着他们对服饰的审美和需求，指引着服饰设计创新的发展方向。

（三）流行因素的创新设计

在西方文明中，流行变迁的滥觞与发展都和中产阶级的兴起有关。都市生活、社会阶级结构、资本主义的兴起以及工业化的过程等，都对我们今天所熟知的流行趋势造成莫大的影响。尽管每个复杂的社会都会利用服饰来表征地位，但是特别严格而普遍的规范出现在许多前工业化的社会体系中。在中古世纪的欧洲，犹太人和娼妓被迫佩戴特殊的符号。即使在文艺复兴时代里，社会对世俗趋之若鹜，并且充斥于各种日复一日的物质生活以及其表现出的变化，其实应该算是相当有创新意识的。这种社会的特色在于对事物变迁的热爱，以及存在追新求异的中产阶级。

此后，时装即变成了现代化的一部分。20世纪60年代人类登月的成功和电视等电器的普及使用，充分显示了现代科技文明的发达。服饰在高速发展的社会中尽显生机和活力。在审美与实用的需求与日俱增的呼唤中，人们更期待新的时尚与潮流的出现。皮尔·卡丹设计的布袋装、气泡装、迷你装、宇宙装等一系列夸张的设计，表现出锐意的创新和洞察时势的超凡才能，对当时的服饰文化和服饰商业产生了重大的影响。

（四）功能性创新设计

生活水平的提高、生活状态的分化和相关技术的进步都使服饰的设计产生了细致的分化。在国外，服饰设计的分工十分明确，并随着消费者对服饰的不同需求而越来越多样化，国外的一些研究机构、高等院校对不同的服饰进行了分门别类的深入研究。在国内通常称为服饰设计师的工作在国外被称为 Style designer——款式、式样设计师。例如，英国的纺织科技水平一直处于领先地位，因此功能性服饰的设计研究在近几年发展很快。英国的皇家艺术学院有针对残疾人服饰研究的课题，德比大学艺术学院有专门的功能性服饰设计研究生课程，利兹大学的运动服材料研究所主要设计竞技体育服饰、极限运动服饰、保护性工作装或是为老年人、残疾人等有特殊需求的人群设计功能性服饰。

对于这些功能性服饰的设计研究，英国的学者们更倾向于称之为产品设计，他们注重多学科的交叉，邀请产品设计学者、材料学专家和计算机辅助设计专家共同完成课题。更加强调了以服饰的舒适性和功能性为出发点的功能性服饰的以人为本的设计原则。

（五）生活方式的创新

每个时代的服饰设计，都是对当时社会的政治、经济、科学、审美的综合反映，自始至终都打上时代、民族和地域的文化烙印。服饰设计作为一种文化现象，其本质是生活方式的创造，并且是大多数民众生活方式的创造。诚然，随着经济的发展、科技的进步，社会处于快速变革之中，人们的思想观念、价值取向和审美取向也在不断变化，消费需求差异化、个性化和多样化的呼声越来越高，这必将促使服饰设计的多元重构。但是，自包豪斯以来，提倡社会平等、坚持设计为民众服务、设计为社会创造价值的宗旨并没有改变。艺术是引领设计的，设计又引领生活。

生活方式是人类适应生存的一种行为活动，是人类生存观念的形式表达，它在不同历史条件下形成，并随着生产力的发展变化而不断变化。服饰设计就是将人类的精神意志体现在服饰中，并通过服饰具体设计人们的物质生活方式，进而设计人们的精神生活方式。"现代艺术设计实际上是为现代生活的设计，是现代生活方式的设计。"

服饰设计的实质是在设计一种时尚、创造一种生活方式。纵观历史，服饰所表现出的最显著的特征在于服饰与社会生活的关系。从20世纪初出现的中山装，到20世纪60年代出现的长筒丝袜，到 20 世纪 70 年代出现的睡衣，到 20 世纪 80 年代出现的美体内衣，再到 20 世纪 90 年代出现的特种纤维保健衣，与其说是服饰流行不断更新，不如说是人们生活方式变化所带来的新的产品需求，或者说产品设计推动人们生活方式的改变。从中山装到干部服，从鸭舌帽、吊带工装到企业形象设计组合装、蓝领工作服、白领工作服、各层次的校服、学位服、银行服、海关服等，与其说是社会实用需要的职业服饰不断出现，不如说是服饰设计为社会需要创造新的公众形象。只有服饰成为人们日常生活时尚中最具有代表性、最重要的部分的时候，才能真正与人的身心紧密地结合在一起，而这正是服饰的意义所在。

参 考 文 献

[1] 许星．服饰配件艺术 [M]．北京：中国纺织出版社，2009．

[2] 蔡月盈．中国传统元素在服装设计中的创新与运用 [J]．西部皮革，2017 (21)：84．

[3] 徐四清．绿色服装设计与应用研究 [J]．纺织报告，2017 (11)：65 - 67．

[4] 邵献伟．服饰配件设计与应用 [M]．北京：中国纺织出版社，2008．

[5] 李迎军．服装设计 [M]．北京：清华大学出版社，2006．

[6] 乔玉玉．服装色彩对服装款式设计影响的探析 [D]．大连：大连工业大学，2014．

[7] 刘晓刚．服装设计概论 [M]．上海：东华大学出版社，2008．

[8] 李当岐．服装学概论 [M]．北京：高等教育出版社，1998．